图解

孩子叛逆期
行为心理学

张良科◎编著

北京工业大学出版社

图书在版编目（CIP）数据

图解孩子叛逆期行为心理学 / 张良科编著. — 北京：
北京工业大学出版社,2016.6
ISBN 978-7-5639-4643-3

Ⅰ.①图… Ⅱ.①张… Ⅲ.①儿童心理学—图解②青
少年心理学—图解 Ⅳ.①B844-64

中国版本图书馆CIP数据核字（2016）第081750号

图解孩子叛逆期行为心理学

编　　著：张良科
责任编辑：曹　媛
封面设计：元明设计
出版发行：北京工业大学出版社
　　　　　（北京市朝阳区平乐园100号 邮编：100124）
　　　　　010-67391722（传真） bgdcbs@sina.com
出版人：郝　勇
经销单位：全国各地新华书店
承印单位：北京海纳百川印刷有限公司
开　　本：787毫米×1092毫米　1/16
印　　张：15
字　　数：217千字
版　　次：2016年6月第1版
印　　次：2016年6月第1次印刷
标准书号：ISBN 978-7-5639-4643-3
定　　价：36.80元

孩子的成长过程中，总是会出现各种各样的问题，孩子可能会生病，可能会摔跤，这都会让家长十分心疼和担心。但是，最让家长感到头疼的，应该是孩子在叛逆期的行为。那么，什么是叛逆期呢？简单来说，叛逆期，就是孩子在不同的成长阶段中自我意识快速发展，对独立、自主、自由有了迫切需求。在这样一个时期，孩子大多表现出与大人们想象不一致的逆反行为。而叛逆的对象往往就是约束孩子的家长以及老师。虽然孩子在叛逆期的行为让家长十分头疼，但这些时期也是孩子成长、成才的关键时期，它就像是人生的十字路口，选择对了，成就孩子的一生；选择错了，贻误孩子的一生。所以，每一位家长都应该重视孩子叛逆期的教育。

孩子在成长的过程中，一般都要经历三个叛逆期，即：两三岁时的"宝宝叛逆期"、七八岁时的"儿童叛逆期"、十二至十八岁时的"青春叛逆期"。这三个叛逆期分别有不同的特点，反映了三个阶段孩子的个性发展以及心理变化的状况，也对孩子的成长起着不同的作用。

有的家长会有疑问，两三岁的孩子怎么会叛逆呢？那么你有没有遇见过这样的现象：孩子学会了几句脏话，总是一有机会就说，你越是让他闭嘴，他越说得带劲？有些东西不能碰，但是只要你说过不让碰，孩子就摸得更起劲，还乐在其中？孩子总是哭闹，你越不让他哭，他哭得越带劲，而且哭得更频繁了？其实这些就是孩子叛逆的表现。因为两三岁的孩子也有自己朦胧的独立意识，这是孩子独立意识的萌芽，然而这个时期的孩子没有辨别是非的能力，有的只是想要"独立"的冲动和探索世界的欲望，因此会用他们自己独特的方式来接触和了解世界，表达自己，而这种特殊的行为方式就成了大人眼中的叛逆行为。

七八岁的孩子是让家长十分头疼的，正如俗话说："七岁八岁讨人嫌，

惹得小狗不待见。"原本已经很懂礼貌的孩子开始出现让家长焦头烂额的毛病：胡搅蛮缠、见人不打招呼、做事磨蹭、似乎有说不尽的理由为自己的行为狡辩……每天都能制造出很多麻烦，总是和家长较着劲地干。这个时期的孩子有着强烈的好奇心和求知欲，自我意识也在慢慢觉醒，认知能力也在提高，他们觉得自己长大了，可以为自己做主了。而很多家长还是把他们当作小婴儿，什么也不让做，家长这样的态度，是造成孩子叛逆的一个重要原因。为了实现"独立自主"，孩子就开始和家长对着干，从而产生强烈的逆反心理。

青春期孩子的叛逆是很多人都有所了解的，青春期身体的发育以及课业的负担等因素，让很多孩子感到无所适从，从而出现一系列的心理变化，当然叛逆不可避免地又一次到来了。青春期正是孩子从儿童向少年，从少年向成年过渡的重要时期，但是这也是一个危险的时期，孩子开始初步接触社会，他们的独立意识已经很强，也有一定的是非判断力，但是心理发育毕竟还不成熟，很容易受到社会上一些不好现象的影响，从而产生一些不好的心理变化。比如孩子由于身体的发育开始对异性产生强烈的兴趣，这个时候家长如果不及时引导，就容易让孩子陷入早恋的泥潭；网络的迅速发展，使孩子很容易受到网络的吸引而深陷其中不能自拔。因此，这个时期的特殊性决定了这一时期教育的艰巨性。

不过家长也不必过于担心，这些问题都可以从本书中找到解决办法。本书第一篇从孩子的不良习惯、不良个性、心灵成长与交友交际四个方面分析阐述宝宝叛逆期的相关知识，第二篇从不良行为、塑造优良个性、培养健康人格以及孩子的学习状况四个方面来阐述儿童叛逆期的相关理论，最后一篇则从叛逆期性格及心理变化、偏执行为、厌学问题和亲子关系四个方面讲解了青春叛逆期孩子的教育问题，并且本书结合心理学知识帮助家长剖析问题的根源，总结解决问题的方式、方法，以期为家长提供一本解决孩子叛逆期问题的家教经典。

第二篇 儿童叛逆期：我是一个准大人

第三篇 青春叛逆期：我的青春我做主

第一篇 宝宝叛逆期：自我意识萌发

两至三岁是孩子经历的第一个叛逆期，称为"宝宝叛逆期"。这阶段孩子的心理特点是以自我为中心，他们不喜欢被指挥、被使唤，什么事情都喜欢亲力亲为，喜欢做一些夸张行为以引起别人的注意，甚至以做对抗性行为为乐。这个时候的家长要勇于"放手"，让他们在尝试中吸取经验、教训，品味独立思考、解决问题的乐趣。

第一章 妈妈眼中的"不良习惯"

每天的洗脸刷牙是个大工程

对于年龄小的孩子来说，还不觉得不洗脸刷牙有什么不好，因此，一般而言，孩子对洗脸刷牙都不太感兴趣，因此在做这些事情的时候也是极其不情愿，也不会安安静静地将这些事情都做好。有的妈妈会用玩具哄着孩子，或者用零食等物品诱惑孩子，如果这样孩子也不肯乖乖洗脸刷牙的话，有的妈妈就会采取强硬的态度，强迫孩子或者直接自己动手帮助孩子完成。往往是虽然在软硬兼施后孩子勉强完成了洗脸刷牙的任务，却让彼此的心情变得不好。

相信有很多妈妈都会这样，每天被这些必须要做的事情弄得十分头大，可是又没有什么好的办法改善这一状况。别说是让孩子爱上洗脸刷牙了，就是能让孩子顺顺利利地完成这一程序也十分困难。

才三岁多一点的乐乐开始上幼儿园了，乐乐很开心，因为每天都能到幼儿园和老师还有小朋友玩，但是乐乐也有不开心的事情，就是每天都要早起床，还要洗脸刷牙！

每当这个时候，乐乐总是磨磨蹭蹭地不想洗脸刷牙，觉得水好玩就玩一会儿水，把漱口杯里的水倒出来接满，再倒出来再接满，玩得可开心呢。妈妈在旁边催促时，乐乐只好把牙刷放在嘴里，看妈妈不看着自己了，就再接着玩。等妈妈拿着毛巾过来准备让乐乐洗脸时，乐乐的牙还没刷好呢，妈妈没办法，就一边责怪乐乐，一边给乐乐刷牙。就算是妈妈帮忙，乐乐也不愿意刷牙，总是说妈妈刷牙太用力，弄得自己的嘴疼！

刷完牙齿之后，妈妈让乐乐自己漱口，乐乐高兴地接过杯子，却把水含在嘴里玩了起来。妈妈看着干着急，就警告乐乐："再不赶快就要迟到了！"乐乐这才不情愿地漱完口。接着洗脸也是这样麻烦，妈妈不停地催促，乐乐就一边玩一下，一边不情愿地洗一下。看妈妈要生气了，就赶紧抹几下脸完事了。有时妈妈不得不再给乐乐重新洗一下。

本来应该早晚都刷牙，乐乐却只有早晨刷牙，晚上只是洗洗澡就睡觉，可是早晨还是这么费劲。一会儿说水太热了，妈妈加点凉水后，他又喊水凉了，等水的温度符合他的要求之后，他又觉得妈妈太用力了……总之，乐乐有太多的办法能让洗脸刷牙这样一件简单的事情变得非常"复杂"。

大部分孩子不明白为什么自己要天天洗脸刷牙，这个"游戏"一点趣味也没有，孩子们都不喜欢玩。所以，这件事情就成了一项难以愉快完成的任务。其实，孩子不喜欢会有很多理由，家长要首先了解一下孩子不喜欢的原因，然后根据不同的原因找出不同的解决办法。很显然，外因也是影响孩子洗脸刷牙的一个重要因素，比如洗脸水的温度、大人的用力程度、牙刷的质量和硬度、牙膏的气味，等等。这就需要家长仔细观察孩子的反应，分析孩子的行为，解决掉各种有可能导致孩子产生抵触情绪的原因。

孩子在三岁的时候已经有了一定的独立意识，一些事情如果能让孩子自己去做，比家长代劳要好很多。洗脸刷牙也是一样，这个时候父母要注意使用正确的教育方法，让孩子能够自愿甚至主动洗脸刷牙，尽量避免强迫孩子在非常不情愿的情况下去做这些事情。另外，孩子虽然小，但是已经懂得爱美，也很喜欢听别人夸奖自己，家长可以据此来适当提醒孩子：你的脸上脏了就不漂亮了，我们洗干净变漂亮的小朋友好不好？不刷牙的话牙齿会变黄哦，这样就不如白白的牙齿

培养孩子洗脸刷牙的好习惯

你喜欢这个小牙刷吗?

我要那个!

1.买孩子喜欢的洗漱用品

带孩子去超市，让他自己挑选，这样可以让孩子对洗脸刷牙产生一定的兴趣，减少一些抵触情绪。

你看虫子这么厉害，如果我们不刷牙的话牙齿也会长小虫子哦。

2.让孩子明白洗脸刷牙的重要性

洗脸刷牙是孩子健康成长的必要步骤，三岁的孩子已经可以懂得一点道理，家长可以告诉孩子为什么要洗脸刷牙、勤换衣服。

你要快点哦，要不然妈妈就要赢了!

才不会，我洗得最快。

3.把枯燥的洗漱任务变得有趣

让孩子洗脸刷牙的时候不必规规矩矩，可以按照孩子的兴趣来做，让任务变得有趣味一点，提升孩子的积极性。

好看了！当然，如果孩子真的去认真洗脸刷牙的话，家长一定要及时给予赞扬和夸奖，让孩子有成就感。

孩子不喜欢洗脸刷牙，不排除有的孩子是因为心存恐惧，比如有的孩子曾经呛水过，这就让孩子对洗脸十分反感和恐惧，家长这个时候可以给枯燥的洗脸刷牙任务增加一点乐趣，比如大家比赛看谁完成得好，或者一边唱着相关的儿歌一边完成，让孩子在玩的同时完成洗脸刷牙的任务，使他们逐渐忘记恐惧，开始觉得这个事情也十分有趣。孩子毕竟还小，很多事情还不能非常精细地完成，所以如果孩子在自己洗脸刷牙的过程中出现一些错误的姿势等问题的时候，家长不要大呼小叫，让孩子产生不必要的压力，使他们更加不愿意做这些事情。

洗脸刷牙是每个人每天都要做的事情，只要慢慢引导，孩子终究会学会并且习惯的，因此家长朋友们完全不必过于紧张，让孩子顺其自然就好了。

三岁的孩子还没有卫生观念

几乎每一个三岁左右的孩子都会在玩的时候把自己弄脏，即使是手上、脸上、衣服上都很脏了，孩子们也并不在乎，还是会开心地玩耍。有些家长可能觉得女孩子比较爱干净，应该不会把自己弄成"小花猫"，然而这件事情上好像并不分男女，就算是女孩，也经常玩得灰头土脸的。如果让孩子去洗干净，他们还不乐意呢。对此，家长们都十分不解，为什么明明自己从小就把孩子收拾得很干净，可是孩子却并没有养成爱干净的习惯呢？

哲哲虽然是个男孩子，但是妈妈自从他出生以后就十分注重他的卫生状况，每天都会为哲哲换洗衣服，有时哲哲吃东西或者趴在地上玩把衣服弄脏了，妈妈就会立刻给他换上干净的衣服。而且在每天早晨起床后和晚上睡觉前妈妈都会帮哲哲洗漱干净，每次出门别人都夸哲哲是个干净的小娃娃。

原以为这样从小的潜移默化就会让哲哲爱干净，但是事与愿违。现在哲哲已经三岁了，经常自己玩，不需要妈妈时时刻刻都陪着了。可是问题也出现了，哲哲总是把手上弄得很脏，有时手上有点脏东西还会直接抹在衣服上，有点流鼻涕就用袖子随便一擦，或者用手抹一下，这样脸上也是一道一道的脏。妈妈催促哲哲洗一下，他还不愿意洗，好不容易哄着洗手，哲哲就直接在脸盆中玩起水来。妈妈要是在旁边催促，他就随便冲冲完事，有时手上的脏东西都没有冲掉。

还有就是哲哲的衣服，夏天的时候他非常喜欢吃西瓜等含水分比较多的水果，每次吃的时候妈妈都需要给他围上他小时候吃饭时用的围嘴儿，哲哲坚决不同意，结果等吃完水果，上衣从脖子一直湿到肚子，妈妈拿纸给他擦一下嘴，他就直接跑开去玩了，衣服就是不肯换下来，妈妈不得不跟在他身后追着他给他换下来，有时哲哲还会气得大哭。虽然多吃点水果对孩子身体好，但是每次吃水果妈妈都头疼不已。而且哲哲还不允许妈妈将水果切成小块的，一定自己抱着大的吃，这样果汁必然会弄到衣服上。

到晚上给他洗澡也是一件难事，以前每天都给他洗澡，孩子也很顺从，有时还在水里玩玩具玩到水都凉了还不肯出来，可是现在根本不进洗澡间。妈妈每次说要睡觉去了，哲哲就知道要先洗澡，就会一直对妈妈说："我不洗澡，我不洗澡，我想睡觉！"强行把他放在洗澡盆中他就哭闹，不肯配合妈妈好好洗。妈妈觉得孩子长大了真是太难管教了。

··

其实一般这个年龄段的孩子都不喜欢洗脸、洗手、洗澡等，家长们应该要了解孩子不同年龄阶段的心理特点。三岁左右的孩子，并没有卫生的观念，通俗一点说，就是孩子并不知道脏净，所以要求孩子自己主动爱干净似乎不太可能。家长要耐心地引导和培养，让孩子逐渐养成良好的卫生习惯。

想要让孩子讲卫生、爱干净，一定要根据孩子的理解水平和心理接受程度来引导孩子，如果只是强迫孩子去做这些他们不愿意做的事情，孩子只会变得更加叛逆，不断想方法找理由反抗家长，这样也根本无法帮助他们养成良好的卫生习惯。

很多家长由于孩子不肯配合，就会变得十分急躁，对孩子也就失去了耐心，这样孩子会察觉出来，也就更加抗拒，觉得洗脸洗手这样的事情和打针一样可怕，反而不利于他们养成良好的卫生习惯。对于三岁的孩子，家长一定要有耐心，不断给孩子讲解卫生的重要性。虽然孩子的理解能力还偏低，但是只要家长的讲解浅显易懂，选择孩子可以理解和接受的语言形式，孩子还是会听进去的。

培养孩子讲卫生的好习惯

好的卫生习惯不仅关系到孩子的生活问题，更关系到孩子的健康问题，所以，在孩子小时候就应该帮助孩子养成讲究卫生的习惯。

洗干净小脸才会白白的，大家才会喜欢你。

1.讲道理，让孩子明白讲究卫生的重要性

如果不讲卫生孩子可能比较容易生病，所以卫生问题对孩子的健康十分重要，家长要不断在孩子面前讲卫生的重要性。

把手洗干净再吃，要不然还会像昨天一样肚子疼哦。

2.认识后果，让孩子知道不讲卫生的危害性

告诉孩子不讲卫生的后果，当他们认识到事情的危害性之后，就会自觉地讲究卫生了。

以后吐痰都要吐在纸上，再把纸丢在垃圾桶里。

3.关注细节，让孩子养成良好的卫生习惯

要让孩子做到真正讲卫生，就必须让他学会注重各种细节，做到防微杜渐才行。

如果孩子认真去做了，家长一定要及时给予正面的评价和夸奖，让孩子得到力量继续维持下去。刚刚开始尝试独立的两三岁的孩子，十分需要家长的肯定，所以及时的鼓励和赞扬就显得十分重要了。

另外，家长是孩子最好的榜样，因此想要孩子讲究卫生，家长首先要以身作则，并且时常要注意引导和监督孩子的行为。只有持之以恒，让孩子养成了好的习惯，孩子才不会在讲卫生这些事情上让妈妈们伤透脑筋。

小孩子总是偏食、挑食

一般情况下，孩子在到了两三岁的时候，就可以自己拿勺子吃饭了。这个时期的孩子也开始有了自己的主见，对于吃什么很有自己的想法，于是，很多孩子开始出现偏食、挑食的问题，吃什么成了令家长十分头疼的问题。如果孩子出现了这样的不良习惯并未得到及时矫正，不仅会导致孩子摄取营养不足，严重影响孩子的生长发育，还会使孩子养成任性、执拗的坏习惯。有些孩子吃饭挑食，任凭妈妈怎么劝都无济于事，对此家长也深感头痛。

笑笑今年已经三岁了，她学会了用筷子，现在吃饭都不用妈妈帮忙了，都是笑笑自己吃。可是问题也出现了，笑笑总是喜欢吃什么就吃什么，对于不合胃口的饭菜一口也不吃，妈妈给她夹到小碗里，笑笑就再倒出来，如果餐桌上没有她喜欢的肉或者是鱼，只有青菜的话，笑笑就会大闹："都没有肉！我不喜欢吃豆角！我不吃了！"

有一次妈妈做了白菜炖肉，希望笑笑多吃一点蔬菜，可是笑笑拿着筷子专挑里面的肉吃，对于白菜一口也不尝。妈妈就对笑笑说："怎么不吃白菜呢？可好吃了，笑笑尝一口好不好？"笑笑摇摇头说："白菜不好吃，只有肉才好吃呢。"妈妈继续劝笑笑说："那就吃一口尝一下好不好？来，乖。"说着妈妈用筷子夹了一块白菜给笑笑，笑笑头一扭，生气地说："我都说了不好吃，我就不吃！"爸爸在旁边看着母女两个陷入僵局，就对妈妈说："她愿意吃什么就让她吃什么吧，再磨蹭下去菜都要凉了。"笑笑像是得到赦免令一样笑着说："就是就是，菜都要凉了。"

看着笑笑继续拿着筷子只挑肉吃，妈妈对此感到无可奈何。

很多妈妈可能都和笑笑的妈妈一样，对于孩子的挑食行为感到十分无奈，却又想不出有效的办法，时常感到孩子还不如小的时候听话，给什么就吃什么，越大越不听话了。其实，随着孩子的成长，味觉不断发展，也有了一定的自我意识，肯定会什么合他的口味就吃什么。而妈妈可能并不十分清楚孩子的口味是什么，因此做出的饭菜不可能百分百符合孩子的口味。当食物不符合孩子的口味的时候，孩子就会通过不断发展的语言和动作将自己的想法表现出来以示"抗议"，希望家长做出改变，顺应自己的要求。

其实，这都是幼儿成长过程中的正常心理表现，家长不必强行改变孩子，只要避免孩子养成挑食的习惯就可以了。有很多家长觉得孩子不吃饭就是不听话，往往会用语言恐吓孩子，有时甚至动用武力来强迫孩子吃饭，这样可能会造成孩子的心理阴影，觉得吃饭是件十分可怕的事情，这样必然会让孩子产生强烈的反抗行为。

因此，想要让孩子不挑食、不偏食，千万不要用逼迫的方法，而是要抓住孩子的心理进行潜移默化的诱导，逐渐让孩子养成良好的饮食习惯。孩子毕竟还小，心理活动也会相对简单，在他们的心理认知中，会认为我喜欢吃什么就多吃一点，不喜欢吃的就不吃。如果家长只是急于改变这种状况的话，就会在吃饭的问题上和孩子战争不断。

那么，究竟该如何解决孩子挑食、偏食的问题呢？首先，家长应该以身作则，改变自己不良的饮食习惯，给孩子做一个不挑食、不偏食的好榜样。另外，从孩子小的时候就按时吃饭，鼓励孩子品尝多种多样的食物，避免形成偏食、挑食的习

◆◆♥ 如何改善孩子挑食、偏食的行为 ♥◆◆

1.提高烹饪技术，不喜欢的食物也美味

家长可以将食材变换不同的做法，使食物色、香、味俱全，只要食物美味，孩子就会吃得香了。

> 这鸡腿真是香啊，光闻着就觉得好吃。

> 看妈妈的样子，可能真的挺好吃的呢。

2.循循善诱，让孩子吃下他不喜欢吃的食物

家长可以多在孩子面前谈论食物的美味或者对身体的好处等，根据每个孩子的不同特点找对方法让孩子一点一点接受不喜欢的食物。

3.为吃饭增添趣味性，让吃饭变成一件有趣的事情

家长可以在食物上加一点孩子喜欢的修饰，无论是颜色还是形状，让孩子觉得有趣，孩子也就爱吃了。

> 妈妈，妈妈，我要吃小熊了。

培养孩子的饮食习惯

三岁的孩子逐渐开始有自己的主见，对饮食也是一样，为了孩子的身体健康，家长要帮助孩子培养良好的饮食习惯，最为常见、最应该引起注意的有以下几点：

吃完这一块就不能再吃了。

1.总量控制法

很多家长觉得吃得多就是好，其实不然，如果吃得多运动少的话，能量就会以脂肪的形式堆积在体内。所以，家长要将孩子一天的总摄入量控制在合理的范围之内。

已经快九点了，马上就要睡觉了，我们明天再吃好不好？

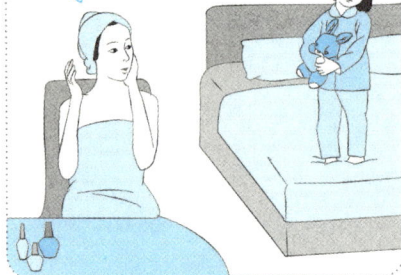

妈妈，我要吃蛋糕。

2.不要给孩子吃夜宵

孩子在入睡前一小时内吃夜宵，特别是进食过多高脂肪、高蛋白的食物，会让孩子的肠胃处于高负荷运行状态，不仅影响孩子睡眠，还会造成消化不良。

我们昨天刚买了糖，今天不能买了。

妈妈，买这个！

3.适当摄入甜食

适量吃一些含糖食物，有助于孩子的大脑发育。但是摄糖过多会对孩子的身体产生不利影响，所以一定要控制孩子的摄糖量。

惯。最后，孩子不喜欢吃的饭菜，可以先让孩子吃一点，慢慢引导孩子多吃，不要强迫孩子一次就吃很多。而且还可以给孩子变个花样来烹饪孩子不喜欢吃的饭菜，比如孩子不喜欢吃虾，却很爱喝粥，就可以把虾处理一下，切成很小的一块一块的或者剁细之后放到粥里面。这样孩子在喝粥的时候就会顺带吃一点虾了。

还有一点，孩子都喜欢听到别人的夸奖，家长就可以利用这一点来改正孩子的挑食、偏食习惯。家长可以在挑食、偏食的孩子面前大力称赞一些不挑食的孩子，促使孩子因为羡慕而积极效仿。不过，在给孩子树立这样的榜样的时候也要注意，这个年龄的孩子已经有了嫉妒的心理，因此家长在夸奖称赞别的孩子的时候一定要注意观察孩子的情绪，避免其产生嫉妒心理。

孩子吃饭就像打仗一样

很多妈妈都在为孩子的吃饭问题感到苦恼，除了孩子挑食、偏食之外，还有一个问题让妈妈们头疼不已，就是孩子根本就不会坐在餐桌前好好吃饭，每次吃饭都像是一场战争一样，孩子满地乱跑，妈妈就跟在孩子后面追，即使是这样，孩子也可能没有吃几口就拒绝再吃了。妈妈们在生气的同时，更加担心这样会影响孩子的成长发育，可是苦于没有好的改善方法。

芳芳今年两岁半了，可是看上去比同龄的孩子瘦小很多，芳芳的妈妈说这都是因为芳芳不爱吃饭的缘故。每次吃饭的时候，芳芳从来不坐在桌前好好吃，有时妈妈打开电视用动画片吸引芳芳坐在桌前吃饭，芳芳就只顾看电视，要么不张口吃饭，要么就是把饭含在嘴里不嚼也不咽。妈妈一旦把电视关掉，芳芳就坐不住了，拿着玩具跑到一边玩，妈妈只好端着芳芳的小碗跟在她的身后喂她。

即使是这样芳芳也不好好吃，经常跑开，妈妈又赶紧抓芳芳，被抓到后，芳芳才会不情愿地吃上一口，然后趁妈妈不注意就又跑了，妈妈再追……就这样你追我赶的，芳芳也不是一直好好往下咽，往往吃几口就开始往外吐，妈妈用小勺往嘴里送，芳芳就用舌头往外顶，一顿饭往往要花半个小时的时间还吃不完。

每次芳芳的碗里都会剩下一半还多的饭菜。饭后，芳芳玩不了多久就会觉得饿，又开始在家里找零食吃，找不到就开始闹着妈妈去买。这个时候也不用妈妈哄着或者追着她了，自己就拿着零食吃得津津有味。

为了芳芳吃饭的事情妈妈每天都觉得头疼，担心吃不好饭的芳芳会营养不良，而且芳芳过于瘦小也不利于身体的发育。可是，妈妈却找不到可以让芳芳好好吃饭的方法。

并不是只有芳芳有不好好吃饭的问题，很多两三岁甚至再大一点的孩子也会出现这样的行为，那么孩子为什么总是不好好吃饭呢？根据这个阶段孩子的年龄和心理特点，主要原因有两条：一是，孩子不肯在吃饭的时间好好吃饭，与孩子的肚子不饿有直接的关系。假如孩子根本就不饿，你再怎么劝他，他都不会好好吃饭。孩子还小，根本就不知道食物对身体的重要性，不饿他就不吃，不会像大人那样即便不怎么饿也会在吃饭的时间象征性地吃上一些。可是如果孩子在吃饭的时间不吃的话，肯定会在下一顿饭之前就觉得饿，这个时候孩子就会吃零食来缓解饥饿感。针对这样的情况，家长完全可以通过限制孩子的零食量，严格控制就餐时间等方式来进行调整。即使孩子要赖，家长也要坚持，只有这样，孩子才会慢慢养成良好的就餐习惯。第二点就是三岁左右的孩子容易把吃饭当作一种游戏，只要不是明显感觉到饿，就会表现出吃不吃都无所谓的态度。在孩子不那么饿，或者心情好的时候，就会出现边吃边玩、边吃边看电视等一系列不老实的行为。因此，许多孩子"不好好吃饭"的原因多数是想通过与家长的对抗行为来达到游戏的目的，甚至还觉得这样的对抗也是一种游戏。对此，家长可以将计就计，充分利用孩子的游戏心理，把吃饭行为转换为一种游戏，让孩子在游戏中愉快地把饭吃下去。

当然，家长在吃饭的时候一定要注意就餐氛围，不要在吃饭的时候动不动就

训斥孩子。吃饭的时候尽量多谈论一些与食物有关的有趣的话题，无论吃什么都表现出吃得很香、很满足的样子，勾起孩子的食欲。这样，就可以潜移默化地影响孩子对食物的态度，使孩子逐渐变得能够好好吃饭。

❤ 孩子不好好吃饭怎么办 ❤

妈妈给你弄好之后，你要自己吃饭哦。

这样怎么能好好吃饭，你把他的玩具拿走不就好了。

方法一：让孩子自己吃饭

这个年龄段的孩子产生了想要独立进食的心理，如果家长还坚持喂饭孩子就会产生反抗情绪。因此，家长可以借机让孩子学会自己吃饭。

方法二：不能让孩子边吃边玩，要逐渐培养孩子的好习惯

当孩子手里有玩具的时候，往往就会分散他的注意力，从而不好好吃饭。因此，在吃饭时，家长要拿走孩子手里的玩具、关上电视，让孩子养成专心吃饭的好习惯。

再过5分钟妈妈就把饭收走，一直到晚上才能再吃饭。

方法三：必要的时候可以对孩子进行适当的惩罚

孩子叛逆有很大的原因是家长的溺爱，因此，家长首先要改变教育方式，对孩子的叛逆行为要纠正，必要时要适当惩罚，以免孩子变本加厉地叛逆。

孩子睡觉成了大问题

到了该睡觉的时间了，孩子还在兴奋地玩着玩具或者缠着家长讲故事，就是不肯睡觉，有的孩子从八点半开始哄着睡觉，到十点了还没有睡着，而现在的家长往往第二天还要上班，因此看见一直不睡觉的孩子总是觉得十分心烦，感觉没有耐心再跟孩子耗下去，就开始训斥孩子或者恐吓孩子，想让孩子赶紧睡觉，这些都会给孩子造成不好的影响，即使孩子睡着了，睡眠质量也会受到一定的不利影响。

凡事都是有原因的，孩子到了该睡觉的点却不肯睡也一定是有原因的。比如孩子在这之前看了一个比较恐怖一点的动画片，或者玩了比较刺激一点的游戏，或者听到了一个有趣的故事，或者吃了太多东西消化有点不良，或者……这些原因都有可能让孩子在睡觉前感到兴奋刺激，难以安静入睡。但是，还有一个主要的原因就是孩子没有养成按时睡觉的好习惯，也就是说孩子的生物钟还没有形成。因此，家长要帮助孩子养成良好的作息习惯，让孩子按时睡觉。

强强都已经快三岁了，整天都告诉妈妈："我长大了，我要上学去了。"可是，就是这样一个"长大了"的大宝宝，却让妈妈十分头疼，因为强强总是很晚才睡觉，经常到晚上十一二点才睡，自己不睡也不让别人先睡觉，因此严重影响了爸爸妈妈的休息，最重要的是，这样的作息时间对强强也十分不利。因此爸爸妈妈想了很多办法，有时给强强讲故事，有时又唱摇篮曲，可是强强还是睁着大眼睛说："再讲一个！""再唱一个！"弄得爸爸妈妈实在没有办法。

为了让强强早点睡觉，妈妈每天七点就喊强强起床，可是连续早起几天之后，强强还是到很晚才睡觉。妈妈工作一天已经很累了，回到家还要"加班加点"地照看强强。有一天刚到九点，妈妈就让强强洗澡睡觉，强强却抱着自己的大卡车在"运输"，妈妈只好自己先去洗澡，洗完之后强强还在玩，妈妈说："我们该去睡觉了！"强强不情愿地跟着妈妈到床上，非要看妈妈手机里的TOM猫，妈妈不给他看，强强就大哭大闹，妈妈只好打开手机让强强玩一会儿。

孩子不愿睡觉可以这样解决

　　三岁左右的孩子之所以会出现不愿意睡觉这样的行为，是因为还没有养成良好的睡眠习惯，家长要了解孩子行为背后的心理，帮助孩子养成良好的睡眠习惯。

> 现在马上要九点了，我们该睡觉了。

> 宝贝，该起床了，我们到晚上再睡。

首先，要规定明确的睡觉时间

其次，减少孩子白天的睡眠时间，增加运动量

　　每天到了规定睡觉的时间，即使不困也要躺床上。而且，一旦规定了时间就不要随便更改。

　　对于精力旺盛的孩子，家长可以采取这样的方法，孩子白天累了，晚上自然睡得早。

> 很久很久以前……

另外，固定睡前的准备活动

　　这样可以培养孩子睡觉的情绪，让孩子意识到真的该睡觉了，以此作为一种信号，暗示孩子即将入睡了。

　　需要注意的是，睡觉前的半小时家长不要再让孩子玩剧烈的游戏，而是做一些安静一点的活动，让孩子放松，进而进入睡眠状态。

这样又玩了半个多小时，强强自己觉得没意思了就让妈妈讲故事，妈妈给他讲了小红帽之后，强强让妈妈再讲一遍，就这样一个小红帽的故事妈妈讲了不下十遍。连妈妈都要睡着了，强强还是十分精神。看着妈妈躺着不动，强强就骑到妈妈身上要"骑大马"，妈妈这个时候又累又困，根本没有力气和他玩，强强见妈妈不起来就又大哭起来。妈妈没办法就哄他说："好宝宝，现在是睡觉的时间，我们睡觉，明天再玩好不好？"强强却说："爸爸还在玩游戏呢，我也要玩游戏！我不睡觉！"

这一天，又是到了12点，强强实在玩累了，才沉沉地睡去。

孩子不睡觉，没有养成良好的作息习惯，是因为这个年龄阶段的孩子还没有自制能力，也并不清楚自己的行为会给别人带来的影响，他们这个时期还是以自我为中心的。所以，想要让孩子养成良好的作息习惯，家长必须为孩子创设良好的睡眠环境、避免孩子看具有刺激性的电视节目、让孩子睡前不要玩太容易兴奋的游戏，等等，另外，在孩子睡前一定要让孩子排尿，避免孩子因为憋尿而翻来覆去地睡不着。

这里需要家长们注意的是，当孩子由于各种原因不想睡觉的时候，家长一定不要采取恐吓或者打骂的方式，因为这样不仅容易引起孩子更加强烈的逆反心理，而且容易给孩子身心造成伤害。

大多数孩子对吃药有抵触情绪

小孩子的抵抗力差一点，所以很容易就生病，生病之后就要看医生，不是打针就是吃药。几乎所有的孩子都害怕打针，通常一点感冒或者咳嗽等常见的病，大部分家长还是会选择给孩子吃药而不是打针。

然而吃药却是件十分困难的事情，虽然现在孩子的药几乎都是甜甜的，但是只要是药，孩子就会拒绝吃。常常药还没有进到嘴里，孩子已经在哭了，别说让

他们主动吃药了，就算是强行送到嘴里，孩子也会再吐出来。

琪琪还差一个多月就三岁了，妈妈说等琪琪三岁的时候就可以上幼儿园了。每天看着邻居家的小哥哥去幼儿园，琪琪都羡慕不已，终于琪琪也要去了，她每天见人就说，非常期盼。可是最近经常下雨，气温也是时高时低，这不，琪琪感冒了，一个劲地流鼻涕，也不想吃饭了，整个人看着都没有精神了。

妈妈赶紧给琪琪买回了感冒药，可是怎样让琪琪吃药却成了一个难题。一说是要吃药，琪琪就开始哭，躲在一边看着妈妈说："我不要吃药！"好不容易抓住她，她也是紧闭着嘴，就是不肯喝一点。有时趁她不注意妈妈赶紧把盛了药的小勺放进琪琪的嘴里，琪琪就会立刻用舌头把勺拱出来，连药也吐出来。妈妈给琪琪讲道理说："乖，吃了药感冒就好了，我们琪琪长大了，不害怕吃药了对不对？"可是琪琪根本不听妈妈的话。

实在没办法，妈妈就喊爸爸来帮忙，爸爸按着琪琪的胳膊，妈妈给琪琪强行喂药，琪琪气得一直大哭，有时还会呛到，可是如果不这样她根本就不会吃。这样一次还好，如果下次再吃药就更加困难了，有时琪琪哭得都背过气去，吓得妈妈赶紧停止喂药。不吃药病就好得慢，吃药又这么困难，琪琪的妈妈苦恼极了，有什么办法能让孩子听话地吃药呢？

别说是孩子，就是大人也是不爱吃药的，虽然孩子的药大部分都有点甜，但是还是有一点微苦，就算是纯甜的药，家长往往希望少冲一点水让孩子快一点喝完，水少的情况下药甜得有些过，反而变得很难喝。所以，孩子对吃药都有一种抵触的情绪，药只要一到嘴边，有时甚至还没有要喝就开始紧张起来。

因此，在喂孩子吃药的时候家长一定要有耐心才可以。另外，在心理学上有一个爱抚效应，就是家长微笑着摸摸孩子的脸，抱抱孩子的肩膀，让孩子感受到家长的呵护和关爱，孩子的内心就会产生安全感。特别是孩子在遇到挫折和困难的时候，这些细微的举动，能让孩子感受到爱的温暖，既能帮助孩子减轻心理压力，又容易使孩子接受家长的建议。具体来说，在给孩子吃药的时候，妈妈可以

这样喂药孩子更容易接受

对于生病吃药这件事情，许多孩子总是不合妈妈的心意，不好好吃药。那么妈妈们该怎么做才能让孩子乖乖吃药呢？

> 宝贝先吃完药，妈妈就把这块糖给你吃。

方法一："威逼利诱"，让孩子吃下药

告诉孩子不吃药就只能打针了，或者给孩子一点儿精神或物质奖励，不过在利诱之后，一定要兑现承诺。

> 看，妈妈把药变没了！只要你放在嘴里，你也可以把药变没的。

> 我也要变，我也要变！

方法二：趣味引导，帮助孩子克服心理障碍

孩子喜欢做游戏，家长可以利用周围的事物，将吃药变成一个小游戏，帮助孩子克服心理障碍。

> 药一点儿也不苦，我们喝了它好不好？

> 妈妈骗人，我不喝！

方法三：不把药和痛苦画上等号，让孩子开心地吃下药

对于吃药，家长不要特别渲染一种气氛，或告诉孩子"不要怕苦"等，这样反而让孩子觉得吃药就是苦，从而害怕吃药。

温柔地抚摸着孩子的头和脸，注视着他的眼睛，对孩子说："宝贝，吃了药你就会发现感觉好多了，也不流鼻涕了，也精神了。"听到这样的话，孩子心理上就能够得到安慰，情绪也会更稳定。

为什么会出现这样的情况呢？心理学家的研究表明，爱抚产生的感觉，能够使人神经系统中的化学物质发生变化，从而起到缓解紧张、改善情绪、增加自信的效果。我们每一位做家长的都十分疼爱自己的孩子，那么不妨多爱抚一下自己的孩子，尤其是在孩子生病等脆弱的时候，一定要对孩子多一点耐心。

当然，除了对孩子爱抚之外，喂药的方法也十分重要，在给孩子准备药的时候尽量不要让孩子看到，否则孩子就会感觉到即将要吃药，从而产生一种紧张的情绪，对还没有入嘴的药产生恐惧，也就更加排斥吃药了。另外在喂药的时候，不要让药水直接顺着孩子的舌头中间往里灌，这样容易呛着孩子，让孩子产生心理阴影，以后喂药就会更加困难。家长可以将药水从孩子的嘴角倒入舌边，稍微停一下，等孩子咽下去再把勺子拿出来。

孩子的东西总是遍地都是

只要是有小孩子的家里，每天都要收拾很多遍，可是家里的各个角落还是会有孩子扔的各种物品或者玩具。似乎到了这样一个年龄阶段的孩子，都会经常性地乱扔东西，这让家长们十分烦恼。家长总是要跟在后面不停地收拾，可是往往还没有完全收拾完，那边孩子已经又开始新一轮的乱扔了。

其实，从行为学上来说，孩子的这种扔来扔去的行为对孩子来说既是一种好玩的游戏，也是孩子探索世界的开始。虽然家长们可能觉得这种行为很无聊，但是孩子们却乐此不疲，这种反复的、重复的动作，是促进孩子发展各方面能力的重要开端。

浩浩现在三岁多一点了，是家里的独生子，爷爷奶奶都十分疼爱这个孙子，于是买了很多的玩具给浩浩，才三岁多的孩子就已经有非常多的玩具了，有很多玩具浩浩都玩不到。可这也让妈妈十分烦恼，因为浩浩非常喜欢乱丢东西，家里的每一个房间都有他的玩具，客厅的沙发上、地板上、桌子上、电视柜上，等等，都是他的玩具，妈妈刚把它们收拾到浩浩的专属箱子中，不一会儿，浩浩就又从箱子里拿出来开始满房间乱扔了。

有一次妈妈找不到肥皂盒了，肥皂还在卫生间放着，却不见盒子了，妈妈就问浩浩，浩浩说扔了，但是忘了扔到哪里去了。妈妈找了家里的角角落落都没有找到，结果在下楼扔垃圾的时候发现肥皂盒被浩浩扔到楼下去了！还好是肥皂盒，如果是个沉一点的东西打到人怎么办呢？浩浩的妈妈越想越生气，拿着肥皂盒上楼好好地教训了一下浩浩。浩浩也说以后不会乱扔东西了，结果没过十分钟，就又把床头的小闹钟扔到床底下去了。看着这么爱扔东西的浩浩，妈妈真的是没有办法了。

像浩浩的妈妈一样，对于孩子的乱扔现象家长们往往会持否定的态度，其实这是孩子必经的一个过程，家长们完全没有必要烦恼。孩子在小的时候第一次将东西扔出去的时候，他们会十分兴奋，觉得自己长本领了，因此还会再次、反复地扔东西，并希望得到家长的表扬。孩子扔东西的过程其实也是孩子学习的过程，孩子从中可以学到很多，比如不同物体落地时发出的声音会不同，物体所抛出的轨迹和下坠的轨道、方式等，都可能会引起孩子的关注以及思考。所以，扔东西对于孩子而言，是一个必经的学习、成长的过程，对于孩子的心理成长有很大的好处。家长们不必采取反对的态度，阻止孩子的探索。

对于孩子这种行为，正确的做法应该是：在孩子刚刚学会扔东西的时候，要给予支持，让孩子能够开心地玩，轻松地感悟、接受知识。如果担心孩子会把东西扔坏，家长可以为孩子提供一些毛绒玩具、皮球、抱枕等不会摔坏的物品，而且要为孩子提供一个安全、宽敞的环境，让孩子扔个够。但是在孩子慢慢长大以后，就要逐渐修正孩子乱扔东西的行为，避免形成不良的行为习惯。

❤❤❤ 孩子乱扔东西家长可以这样做 ❤❤❤

以后，你只能在这个房间扔你的玩具。

1.只允许孩子在规定的区域内乱扔

这样孩子还可以继续扔东西探索世界，家长也可以不用收拾所有的房间。

你要仔细听娃娃被扔的声音，看看和刚才扔小球的声音有没有不同呢？

2.引导孩子在扔东西的过程中学到知识

孩子在扔东西的过程中会不断探索，家长可以和孩子一起研究，帮助孩子学习更多的知识。

宝贝，我们来玩盖房子的游戏好不好？

那我要盖大楼！

3.帮助孩子创造更有趣的扔东西的游戏

有的东西怕扔坏，家长可以暂时收起来，如果孩子不愿意，就可以开发一些更有趣的、但是不容易扔坏的东西来玩。

对于孩子爱乱扔东西的行为，家长正确的做法不应该是批评孩子，而是想出一些对策，应对孩子的淘气。在不断努力下，由于孩子乱扔东西而带给家人的烦恼也会渐渐淡去。

孩子是不是有多动症

　　小孩子的精力似乎永远也用不完，总是动来动去，干这个干那个的，除了睡觉根本没有安静的时候。有时候妈妈可能需要干一件事情，孩子就会在旁边一直捣乱，让妈妈干不成，给他找来玩具或者打开电视让孩子安静一下，结果不到五分钟孩子就玩腻了，又开始捣乱。其实，绝大多数两三岁的孩子都是很顽皮好动的，他们好像永远不知道疲倦。有时家长刚刚把孩子抱到沙发上让他坐一会儿，家长还没有起身孩子已经翻身下来或者开始在沙发上捣乱了。面对总是不停乱动的孩子，很多家长就会怀疑孩子是不是有多动症。

　　首先家长应该先了解一下什么是多动症。多动和多动症并不是一个概念，多动是一种过量的、无法自控的活动，通常表现为不能安静地坐下来或者放慢动作的节奏。而多动症，又被称为注意力缺陷多动症或脑功能轻微失调综合征，主要表现为集中注意力的时间较短，情绪容易冲动、多起伏。多动症必须经过医生的诊断才能确认，家长们一定不能妄下结论，更不能胡乱给孩子吃一些镇静的药物。

　　小智已经两岁十个月了，特别好动，除了睡觉的时间就会一直在动，在家里不是爬到沙发上就是爬到床上玩，在客厅玩玩具的时候也是一直不停地动，一会儿坐着，一会儿又趴在地上，有时还要跳几下，总之，就是停不下来。妈妈让他坐在板凳上吃饭，往往没有一分钟小智就跑开了，再把他找回来，小智就站着趴在桌子上，拿着筷子挑挑这个菜，戳戳那个菜，妈妈夺下他的筷子，他又拿起勺子开始搅拌碗里的粥，妈妈把勺子放下，小智又拿出自己的玩具放在桌子上玩……往往一顿饭，小智就要忙活好多东西，一刻也不能停下。

　　在外面的时候小智就更是爱动了，到广场上的健身器材那里，每一个器材他都要玩一下，有些很危险，妈妈会让他下来，可是一转眼的工夫，小智就又上去了，而且是玩完一项就要到下一项那里，围着广场转圈，妈妈得一直在身后追着小智跑。看到别的小朋友在玩，不管认不认识，小智都要去招惹一下人家，有时还抢别人的玩具，小朋友如果不给，小智就用手去推人家，为此，妈妈没有少批

评他，可是小智总是改不掉。

大多数三岁左右的孩子都和小智是一样的，似乎每时每刻都在动，是什么原因让孩子这么好动呢？其实原因有很多种，纯粹的由生理因素导致的多动只是少数的，大多数是行为习惯的积累。面对孩子好动的问题，家长一定先要接受它，然后再慢慢地改变它。家长对待多动的孩子时态度千万不要粗暴、简单，不然的话，问题不但解决不好，还会影响亲子关系。家长最好忽视孩子的好动行为，只要没有到忍无可忍的程度，就装作没有看到。时间一长，孩子感觉家长不再关注他的这些行为，孩子就会逐渐觉得无趣，也就慢慢变得正常了。

◆◆◆孩子好动家长可以这样做◆◆◆

你要藏好哦，妈妈马上就要找到你了。

1.以动制动，让孩子充分运动

2.闹中有静，通过游戏帮助孩子克服好动的习惯

给孩子充分的时间让他们运动，让孩子把剩余精力全部发泄完。

好动的孩子都喜欢游戏，可以通过一些动静结合的游戏帮助孩子锻炼控制自己身体的能力。

想要改变孩子多动的行为习惯，家长既要满足孩子好动的要求，又要有所限制，既要尊重孩子的权利，又要积极引导。

第二章 三岁宝宝的不良个性要引导

孩子的性格你知道吗

　　性格决定命运，如果想要孩子有一个好的未来，就要在三岁左右的时候开始注意培养孩子的性格，因为这个阶段是孩子性格开始养成的关键阶段。性格主要体现在对自己、对别人、对事物的态度和所采取的言行上，是人格构成中最核心的部分。虽然说性格受气质的影响，但是后天环境的作用对人的性格形成也有着至关重要的作用。

　　在平常的生活中，孩子就会展现出自己的性格，家长一定要注意留心观察，了解孩子的性格倾向，然后积极帮助孩子培养良好的性格。

　　璇璇今年开始上幼儿园了，妈妈原本以为上幼儿园之后璇璇一定会很开心。因为璇璇的爸爸妈妈工作都很忙，平常并没有很多时间照顾她，除了奶奶以外，璇璇几乎都是自己玩，平时也很少说话。想到幼儿园有老师和其他小朋友，妈妈觉得女儿终于可以有好朋友了。

　　六一儿童节的时候，家长们被邀请到幼儿园观看孩子们的演出。很多小朋友都表演了节目，有的小朋友在背诗，有的小朋友表演了舞蹈，也有的小朋友唱歌，还有的小朋友讲故事，爸爸妈妈们看到孩子们表演得这么好也都很开心。但

是璇璇的妈妈却十分着急，因为自己的女儿并没有表演节目，而是坐在一边一个人低着头玩自己的玩具。

演出之后，妈妈就问老师璇璇在幼儿园的表现，老师说璇璇很聪明，教的东西一学就会，但是就是不爱说话，也不喜欢和别的小朋友们玩耍，总是一个人玩。老师还说这个年龄是孩子性格形成的关键时期，让璇璇的妈妈注意一点，多和孩子说说话，避免孩子以后形成内向的性格，否则长大之后就更不爱说话了。

小孩子的性格有一部分是由自身气质决定的，人的气质总共分为四种，分别有不同的特征：

（1）多血质气质

这种气质的特征是：外向乐观、热情洋溢、亲切可人，善于言辞、幽默、好表现，好奇开朗、有个性、有创造力，追求幸福与快乐、思维正向，但也容易无计划、无条理、信口开河、只说不听、对数字缺乏概念、爱打断别人的谈话、对别人无所谓对自己也无所谓。

（2）抑郁质气质

这种气质的特征是：内向、悲观、爱思考、严肃、整洁、生活有规律、节俭、认真、敏感、原则性强、记忆力好、具有奉献牺牲精神，但也容易思维负向、对别人要求严格对自己也严格。

（3）胆汁质气质

这种气质的特征是：天生的领导者、喜欢挑战、充满自信、富有正义感、爱憎分明、严肃、行动力强、精力充沛、工作狂、喜欢争辩，但也容易独断专横、坚持己见、喜欢操纵一切、很少考虑别人的感受、对别人要求严格对自己无所谓。

（4）黏液质气质

这种气质的特征是：文静友善、宽容、不急躁、自治自律、平静满足、有耐心、好脾气、气质稳定、易和任何人相处，但也容易马虎随便、固执低调、漫不经心、无主见、缺乏热情、对别人无要求对自己不苛求。

了解这四种气质后，家长可以对照着看看自己的孩子属于什么气质类型。不

为孩子的性格塑形

孩子的心理还没有发展成熟，对于性格的塑造就需要家长的帮助，这个时期家长就要负起责任，为孩子的性格塑形。

扔在地上会让人摔倒哦，我们捡起来放进垃圾桶好不好？

1.及时纠正错误的行为

很多家长对于孩子的不良行为不在乎，认为孩子还小，但是这会在无形中强化孩子的不良行为。

等会儿张阿姨来我们家，你就给阿姨拿水果吃好不好？这样阿姨就会夸你懂礼貌的。

好的，妈妈。

2.设置情境教孩子

三岁左右的孩子理解能力还不强，单纯地教孩子他们可能无法理解。设置一个情境的话，孩子就比较容易理解了。

妈妈，爸爸在干什么呀？真好玩。

3.家长亲自影响

家长是孩子模仿的主要对象，对孩子的行为和性格的形成有很重要的作用，所以家长首先要做好榜样，潜移默化地影响孩子。

过，现实生活中的孩子，大多数是几种气质类型的综合体，有可能只是偏向于哪一种。但是找到孩子最主要的气质类型，了解这种气质类型的性格特点，就可以知道孩子的性格特点，从而学会包容孩子的不足，完善孩子性格的弱点，发扬孩子性格的优势，孩子的人格就可以比较健全。

不过有时候，孩子会出现两种不同的性格，孩子在家里对着家人颐指气使、活泼好动，到了外面就变蔫了，看着别的小朋友玩得很好，却不敢靠近，只能待在一边看别人玩，别的孩子欺负他也不敢还手了，只会哭。其实这样的孩子往往是因为在家里被家长过分保护，失去了发展自己能力的机会，以至于主动性差、缺乏自信，不能真实地展现、表达自我。

孩子的性格和人格是在不断变化的过程中形成的，当一个孩子不断选择消极因素时，就养成了消极的行为习惯，孩子的人格、性格特征就会是消极的，心态也是消极的。

三岁左右的孩子还是以自我为中心，家长不能指望孩子一下就改变，学会分享等好的品质。但是在孩子社交上有困难的时候，比如和别的小朋友争抢玩具没有成功或者和别的小朋友打架了等，都说明孩子的社会化进程完成得不是很好。这个时候，如果家长不能及时给予孩子一些帮助和支持，孩子就容易形成孤僻、自私、不善交际等性格特征。

所以，孩子的性格虽然与自身气质有关，但是后天环境的影响还是非常关键的，家长要在孩子性格形成的关键时期给予孩子一定的帮助，让孩子的性格更加完善。

小不点也有脾气，说什么都不听

孩子还不是很会表达自己意愿的时候，就已经学会了说"不""不行"，只要不符合他们的心意，孩子就会说不行，由于孩子还很小，家长们总是宠着孩子，对孩子有点"言听计从"的感觉，这样让孩子觉得生活完全是按照自己的心意的。但是当孩子三岁左右的时候，已经开始懂得一些简单的道理，因此家长就希望开始给孩子立点规矩。可是这个时候家长就会发现，孩子已经习惯了自己说了算的生活方式，对于家长的话他们总是不愿意听。

　　孩子两岁到三岁期间，会频繁出现"不要""我就要……"等话语，这其实就是孩子执拗的表现，当然，这并不代表孩子学坏了，或者是跟家长对着干，而是孩子在这个时期自我意识不断发展，行为上越来越独立。这也说明孩子已经到了人生的第一个叛逆期，也就是宝宝叛逆期。

　　可可今年两岁多了，但是妈妈发现可可还不如一岁多的时候听话呢，越长大越有自己的想法，关键是她总是不听家长的话，跟她商量她就一直不同意，强行按照妈妈说的做，她不是哭闹就是在地上打滚，总是要按她说的做才行。妈妈总是对爸爸说："你的女儿可是真执拗啊，是不是随你？"

　　每天吃完晚饭，妈妈都会带着可可去广场玩一会儿，让可可多接触一下别人，也好消化一下晚饭。可是并不是每天都是晴天，有时候下雨或者天气太冷的时候妈妈就会让可可在家里玩，这个时候可可就会一直闹，非要出门去广场，妈妈不去的话可可就自己穿好衣服打开门出去，妈妈当然不放心让她自己出门，只好跟着出去。如果雨下得太大实在没有办法出门的话，可可就会在家里又哭又闹，怎么说都不听。

　　就算是天气好去广场，也是可可想怎样就怎样，可可的家离广场还是有一段距离的，可可经常让妈妈抱着走，妈妈抱一会儿就抱不动了，让可可下来自己走，可可的双腿一缩，就是不着地，非让妈妈抱着不可。说她累吧，到了广场她立刻就会下来，跑到这边跑到那边地玩耍，有时还跟着跳广场舞的队伍跳上好久。等到回家的时候又要让妈妈抱着。有时爸爸也会跟着一块儿去，但是可可从来不让爸爸抱着，妈妈累了说让爸爸抱一会儿，可可就抱着妈妈的脖子说："妈妈抱着。"

　　每次都是这样，只要是可可想要做的事情就一定要做，不同意的话她就开始闹。有时妈妈生气了就打她几下，可是根本就不管用，她只会闹得更厉害，到最后，还是要按照她说的去做才行。妈妈觉得拿这个执拗的小家伙实在是没有办法了。

　　就像可可一样，这个年龄的孩子已经开始会独立思考一些问题，也有了自己的

想法，而这个时期的孩子又都是以自我为中心的，所以，他们希望按照自己的方式去做事情，本能地抵制、反抗自己不喜欢的事情。而他们的语言能力发育得还不完善，在不愿意按照家长的意思去做事的时候，他们还不能很好地准确地表达出自己的思想、情感和需要，因此他们会用一些反抗的行为来表明自己内心的想法。而这

如何对待执拗的孩子

孩子也有自己的一些道理，可能大人会觉得这些道理非常可笑，但是孩子的思想是单纯的，他们觉得世界就应该是那个样子的，因此孩子和家长总是想不到一块儿去。对于执拗的孩子，家长可以这样做：

今天，我去凯凯家了，他给我好吃的了……

好吧，那你注意不要摔下来了。

这是我的蹦蹦床，我就是要跳！

1.倾听

只有了解了孩子的心理发展状况，才能找出解决问题的办法，因此在生活中，要多和孩子沟通，倾听孩子的心声。

2.顺其自然

三岁左右的孩子的思维是直线型的，家长应该理解孩子的这种思维方式的发展过程，顺其自然，因为孩子的思维方式是在不断发展变化的。

你来帮忙太好了，你能帮爸爸去拿张纸巾来吗？

我这就去。

3.说话讲究技巧

不要用否定的话语和孩子讲话，而是用肯定和认同的方式告诉孩子。如果要求孩子做什么时，要明确指示孩子。

一切在家长的眼中，就成了孩子执拗的表现。

家长应该要明白，这个所谓的孩子的执拗，是孩子从依赖别人转向能够独立面对这个世界的必经的过程。几乎每一个孩子都会出现这种状态，而且会持续大约半年的时间。家长只有了解了这些之后，才能理解孩子的这些行为，掌握孩子在这个阶段的心理特征。

虽然知道执拗是每个孩子都会经历的一个时期，但是对于过于执拗的孩子，家长也不能一味地迁就和忍让，可以适当地让孩子接受不听话的惩罚，但是，面对执拗期的孩子，家长尽量不要强制孩子改变，硬碰硬的话会让孩子更加反抗，反而不利于孩子的心理发展。创造温馨、和睦和欢快的家庭氛围，可以逐渐影响孩子，让他们变得比较开朗和不较真。如果孩子所坚持的事情并没有什么原则性的错误，家长大可不必强迫孩子改变，而是适当地让步一下，尽量满足孩子的要求。随着年龄的增长和与外界的不断接触，孩子也会逐渐变得随和，不再这样执拗。

家里的 "霸道小总裁"

很多有孩子的家长都会发现孩子在两岁半到三岁的时候，会变得十分专横，不愿意和别人分享属于自己的东西。他们能够分清楚哪些是自己的，哪些是别人的，但是即使是别人的东西也会抢过来，非常执着于自己想要的东西或者是自己想做的事情，也不会理会别人的意见，如果想让家长或者别人干一件事情对方就必须干，不干他们就会闹，完全就是一个"霸道总裁"的形象，什么事都要按照自己的心愿去做。

其实这些都是因为孩子在这个年龄阶段的时候，自我意识开始萌发，而又非常以自我为中心，不愿与人分享，所以才会逐渐形成这样的霸道性格。孩子的霸道是自我意识太强烈、不受约束的结果，虽然说大部分孩子在三岁左右的时候出

现霸道的行为，本是非常正常的现象，但是家长也要适当教育孩子，如果放任不管的话，孩子就会认为他的这种霸道行为是别人可以接受的、是正常的，这样反而让孩子更加霸道，以至于不懂得分享，这对于孩子的健康成长以及交际发展是十分不利的。

改变孩子的霸道行为

很多霸道的孩子总是会抢夺别人的东西或者支配别人做什么，时间一长，小朋友们都不愿意和他玩，孩子就会变得不受欢迎，甚至是被孤立。因此，面对孩子的霸道行为，家长应该帮助孩子改善，让孩子更加受欢迎。

你到哥哥家的时候哥哥都让你玩他的玩具了，现在也把你的给哥哥玩一下，这样才是好孩子呢。

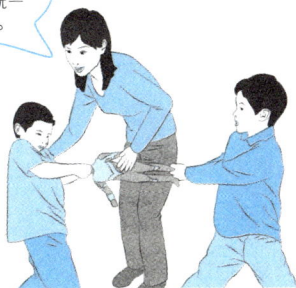

方法一：及时引导，教孩子用正确的方式与他人相处

面对霸道的孩子，家长可以既不过分处罚，也不任其发展，而是及时教育孩子以一颗爱心、善心来对待周围的小朋友。

你怎么抢妹妹的玩具呢？这样谁还会和你玩啊？

方法二：让孩子经受一些挫折，使他知道遵守规矩

在孩子霸道的时候，可以让孩子经受一些挫折，比如面对别人的批评，家长做一个旁观者，不替孩子道歉，让孩子知道应该遵守规矩。

不让你玩，我还没玩够呢。

我也想玩。

方法三：让孩子也尝尝"被霸道"的滋味

孩子总是很霸道，家长可以以其人之道还治其人之身，也霸道地对待孩子，当他无法忍受别人的强占时，他就会明白，以后也会改变态度，不再霸道。

涛涛是家里的独子，从小爸爸妈妈就十分宠爱他，在家里什么都依着涛涛，而涛涛也习惯了这样，只要是他喜欢的东西，谁也不许碰，要不然涛涛就会又哭又闹，有时候还打人。现在涛涛已经三岁了，开始上幼儿园了，可是在幼儿园中涛涛还是像在家里一样，想干什么就干什么，看到什么东西好玩，也不管是谁的就拿过来玩。

有一次放学的时候，妈妈去接涛涛，看到涛涛的手里拿着一个变形金刚的玩具，妈妈根本就没有给他买这个玩具，显然又是涛涛抢别人的。果然，还没等涛涛的妈妈问呢，一位妈妈就带着一个小男孩过来，小男孩指着涛涛对自己的妈妈说："妈妈，就是他抢了我的变形金刚！"涛涛的妈妈感到很不好意思，就对涛涛说："这个玩具是这个小朋友的，你赶紧还给人家好不好？"涛涛一扭头，把玩具护在怀里，就是不肯交出来。

平常妈妈总是宠着他，可这一次妈妈还是决定好好教训一下涛涛。就对涛涛说："如果你不还给小朋友，妈妈就回家把你的玩具都拿出来给这个小朋友！"涛涛生气地看着妈妈说："我也喜欢这个，我就要这个，你让他玩别的去！"没想到涛涛这么霸道，妈妈生气地把变形金刚夺过来还给了别人。涛涛一看玩具被抢走，立刻就大哭起来，还用脚踢妈妈的腿，手也开始撕拽妈妈。

从上面的例子可以看出，涛涛之所以如此任性，与家长的娇惯是分不开的。孩子本身就是以自我为中心，如果家长再过分娇惯，满足孩子的一切要求，他要什么就给什么，想怎么样就怎么样，就会让孩子产生一种错误的观念，认为所有的东西只要是自己喜欢的就可以占为己有，这样孩子在行为上就会变得更加自私和霸道。这也是孩子之所以形成霸道性格的一个重要原因。另外，还有一个原因就是，有些孩子在气质类型上属于胆汁质，这种气质类型的孩子在面对困难和挫折的时候容易表现出鲁莽、冲动等不良行为，也会使孩子形成比较霸道的性格。

不过对于孩子的霸道行为家长们也不必过于担心，在心理学上，有一个态度

效应，表现在家庭教育方面就是，面对正在成长中的孩子，家长要真诚地爱孩子，要让孩子懂得分享和尊重。如此一来，便能激发出孩子成倍的友善、分享和尊重。对于霸道的孩子，家长完全可以用这样的态度来影响他、感化他。

缠人的小跟屁虫

小孩子都比较缠人，尤其是爱缠着妈妈。经常会看到刚刚上幼儿园的孩子被妈妈送到幼儿园门口，却死活不肯进去，拉着妈妈不让妈妈走，或者是非让妈妈陪着才肯进去，等妈妈要走的时候就会大哭大闹，要很久才能平息。这是因为孩子的依赖性特别强，无论在生活上还是在情绪上都非常依赖他人，而孩子在小的时候大多数和妈妈待的时间比较长，也和妈妈最为亲近，因此就会特别爱缠着妈妈。

孩子的这种依赖行为和孩子所处的环境有很大的关系。孩子因为年龄较小，家长如果又比较疼爱孩子，就会什么事情都替孩子做好，而且孩子总是和家长特别是妈妈待在同一个空间中，孩子自然逐渐养成了依赖的习惯。如果可以给孩子一个独立的空间，家长尽可能让孩子自己做事情，孩子的这种依赖性心理自然会逐渐减弱。久而久之，孩子就能慢慢不再对家长过分依赖，养成自己做力所能及的事情的好习惯。

可是，现在的家长总是太过疼爱孩子，不舍得让孩子哭，只要一哭一闹，就会什么都顺着孩子。孩子做事情的时候又怕这怕那，还怕孩子会受伤，就自己替孩子做了。这样只会让孩子越来越依赖别人，等到了上学的年龄也不能自己做一些事情，对于孩子适应社会是十分不利的。

郑郑已经三岁了，很多事情都已经学会自己做了，可以用筷子自己吃饭，用勺子自己喝粥，也会自己脱鞋和穿鞋，等等，但是最近郑郑却特别的"懒"，什么事情也不肯自己做，都要等着妈妈帮自己做才行。

到了吃饭的时候，郑郑就站在一边等着，妈妈搬过他的小板凳放下，他才会坐下，吃饭要让妈妈一口一口地喂，吃肉的时候还要妈妈嚼碎之后再喂他吃。更可气的是，现在妈妈每天要上班的时候，郑郑都不让妈妈走，抱着妈妈的腿不肯撒手，非让妈妈在家里陪他玩。妈妈强行走，郑郑就跟在妈妈身后一边跑一边哭。

以前郑郑自己在客厅玩玩具的时候，妈妈就可以收拾一下家务，可是现在郑郑什么都要妈妈陪着，玩玩具也要和妈妈一块儿玩，在家里，只要郑郑还没有睡觉，妈妈就什么都干不成，哪怕到厨房刷碗，郑郑一下没有看到妈妈就开始哭，到厨房找到妈妈就开始抱着妈妈的腿不肯松手，妈妈只好到客厅陪他玩。总之，妈妈要一直在他的视线中才行，只要他看不到就开始哭。有时候妈妈出门买点东西，天气太热就不带着郑郑，总是要趁郑郑不注意的时候偷偷走，等郑郑发现妈妈不见了，就开始哭，非要爸爸带他去找妈妈。有好几次妈妈买东西回来就看到爸爸抱着郑郑在楼下找她呢。

原本以为孩子越长大自己的时间就会越多，妈妈完全没有想到孩子长大了一点反而更加缠人，像个小跟屁虫一样，走到哪里跟到哪里。

孩子喜欢依赖别人，特别是家长，有很大一部分原因是家长造成的。现在的家长给孩子提供的环境过于优越，把孩子照顾得无微不至，什么事情都替孩子去做。这样孩子就逐渐养成了饭来张口、衣来伸手的依赖习惯。就像例子中的郑郑一样，孩子不自己吃饭，妈妈就一口一口地喂他，想让妈妈陪他玩，妈妈就什么都不干陪孩子玩，这样孩子就会认为这是理所应当的，所以就会变得十分爱缠人。还有的家长在孩子想要尝试着用自己的力量去做一些事情的时候，总是认为孩子还小，怕孩子做不好，或者担心孩子受伤而阻止孩子自己来。其实这是不利于孩子的身心健康发展的，也是导致孩子产生依赖心理的主因。

那么，面对孩子的缠人行为，家长可以怎样改善呢？首先，家长要正确认识孩子的这种依赖行为，不能总是认为孩子的这种行为是因为孩子不懂事、不听话，其实这是孩子的心理、情绪发展过程中的正常表现，家长们不必过于担心和忧虑。其次，应当理解孩子的感情需要，尽可能地从生理、心理上全面照顾孩

子，尽量减少孩子因为与依赖的人分离所产生的焦虑和不安。最后，如果要与孩子分离，就要与孩子讲明白道理，提前用孩子能够听懂和理解的话语来告诉孩子，让孩子能有一定的心理准备。不能像上文中郑郑的妈妈一样什么也不说，趁孩子不注意就偷偷离开，这样会让孩子产生恐慌甚至认为是被"丢下"的，让孩

❤♥ 巧妙应对"小跟屁虫" ♥❤

孩子因为年龄小而依赖亲人，特别是自己的家长，这本是无可厚非的事情，但是，随着年龄的增长，过分的依赖对孩子的成长并没有好处，因此，家长还是要帮助孩子改掉依赖别人的习惯。

1.不包办，自己的事情自己做

教育孩子，一定不能包办代替，而是坚持让孩子自己做一些力所能及的事情。

> 自己的事情自己做，不用着急，妈妈等着你。

> 我穿不上，妈妈给我穿。

> 爸爸抱着你。

> 看吧，女儿还是依赖我。

> 不要，妈妈抱我！

2.不专制，不享受孩子的依赖

有些家长觉得孩子依赖自己是爱自己，不依赖反而觉得失落。这些想法是不对的，应该改变自己的想法，鼓励孩子独立处理事情。

> 没事，一次就拿两个碗已经很不错了。

3.不打击，给孩子独立的勇气

孩子毕竟还小，有些事情可能做不好，这时家长不要数落孩子、打击孩子，应该多肯定、多鼓励孩子，给孩子独立做事的勇气。

子产生强烈的不安和不信任感。如果孩子一直纠缠着家长不让离开，家长也不要认为是小孩子闹脾气，就不理睬孩子，忽视孩子的感情。如果离开孩子之后回来，一定要主动先抱抱孩子或者亲吻孩子，让孩子感受到家长的关爱，明白家长的离开并不是抛弃，还是非常爱自己的。

自私是三岁孩子常见的现象

自私似乎是现在的独生子女的共性了，家里只有这么一个宝贝，爷爷奶奶、外公外婆加上爸爸妈妈，六个大人疼这么一个小孩子，孩子被照顾得几乎无微不至。原本把孩子照顾好是家长们的责任，但是现在的很多家长对孩子过于溺爱，结果就会造成孩子一些不好的个性，比如说自私、霸道、过度依赖，等等。

自私就是过分关心自己，只注重自己的快乐和感受，很少去考虑别人的感受，一切以满足自己的欲望和利益为主。当然孩子的自私行为并不是一天两天形成的，而是在家长们日复一日的过度关心和保护的过程中逐渐形成的。比如孩子小的时候遇到好吃的并不会只自己吃，可能会让爸爸妈妈也吃，但是爸爸妈妈往往会说："爸爸妈妈不吃，你自己吃吧。"久而久之，孩子就会觉得好东西自己吃是理所应当的。这个时候再要求孩子和别人分享好吃的就会变得十分困难，玩具等物品也是如此。

楠楠今年两岁多，马上就要三岁了。虽然妈妈总是教育楠楠有好东西要和别的小朋友分享，但是由于妈妈每天都要上班，平时都是奶奶在家看着她，而奶奶十分宠溺楠楠，总是她说什么就是什么，她要什么就给什么，而且有好吃的奶奶也舍不得吃，都是让楠楠一个人吃，就这样，快三岁的楠楠十分自私，她的玩具和食物从来都不愿意和别的小朋友分享。

楠楠很喜欢和比自己大一岁的悠悠一块儿玩，悠悠非常喜欢楠楠，有好吃

的、好玩的都会给楠楠玩，但是不允许楠楠拿走她的玩具，只能在悠悠家里玩。可是当悠悠来楠楠家玩的时候，楠楠不允许悠悠玩她的玩具，如果奶奶给悠悠拿来好吃的，楠楠就抢过去，奶奶硬要给的话楠楠就会大哭。有一次楠楠的妈妈给她新买了一个芭比娃娃，楠楠非常喜欢，悠悠来看到后也很喜欢，就拿起来想要玩一下，楠楠一把抢过去抱在怀里说："这是我的。"悠悠试着说："我就玩一会儿行不行？"楠楠赶紧抱着芭比娃娃跑开躲在一边说："你想玩就叫你妈妈也给你买！这是我妈妈给我买的。"悠悠玩不到娃娃只好作罢。

看到楠楠的玩具箱里有很多别的玩具，悠悠就拿起一个不倒翁。楠楠看到后赶紧放下芭比娃娃，又去抢过不倒翁说："这是我的，不让你玩！"就这样，悠悠拿起一个楠楠就去抢一个，始终不让悠悠玩自己的玩具。到最后悠悠生气地离开了楠楠家。

小孩子的自私行为是很正常的，这个阶段的孩子还是以自我为中心，什么事情都是先为自己着想，如果家长肯好好教导的话，孩子还是会与别人分享的。但是如果家长还是一直溺爱孩子，什么都随着孩子的心愿的话，只会让孩子的这种自私行为更加严重。

孩子产生自私行为的原因有两个，一个是每个人天生都是有利己的倾向的，大人也是一样，只是大人心理发展成熟，有辨别的能力，可以控制自己的利己倾向。但是小孩子的心理发展尚未成熟，他们往往会以自我为中心，固执己见，不能接受公正和正确的意见。孩子衡量外界的标准就是"是否有利于自己"，他们的所作所为都是以自己的利益为前提。另一个原因就是家长们在孩子成长过程中错误的教育方式造成的。不少家长对孩子过分溺爱，对孩子有求必应，孩子做错了也不批评教育而是迁就、忍让，这就使得孩子越发不关注别人的感受，只在乎自己。

当然，三岁左右的孩子由于心理发展的局限性，通常会时刻以自己的需要和兴趣为主，多从自我的角度考虑问题，很少关心、顾及别人，因此有这种自私行为并不是什么非常大的问题，家长们也大可不必大惊小怪，但是这毕竟不是什么好的个性，还是要帮助孩子稍微改善一下。最主要的是家长们切不可再过分宠溺孩子，助长孩子的这种不好的行为了。因为如果孩子一直这样自私不肯和别的小朋友分享的话，那么孩子的交际行为就会受到影响，哪有人会喜欢和自私的小朋友一块儿玩耍呢？所以，为了孩子好的话还是要培养孩子的分享意识，改正自私自利的不良习惯。

但是家长也要注意对待孩子自私行为的方式方法，不能简单地要求孩子大方，或者强迫孩子拿出自己心爱的东西与别人分享，这样的方法不仅无济于事，还会引起孩子的反抗心理。对于两到三岁的孩子来说，自私是这个阶段的孩子都有的心理特点和行为特点。家长尽量不要用"自私""小气"等字眼批评孩子，随着他们的成长以及与外界的不断交流，孩子们是会逐渐改变的。

❤ ·••‹‹‹ 怎样才能让孩子不自私 ›››·•• ❤

孩子的自私虽然有一部分是天性使然，但是与家长长辈的溺爱是分不开的。所以，要想让孩子学会分享，不再自私，家长的态度十分关键。

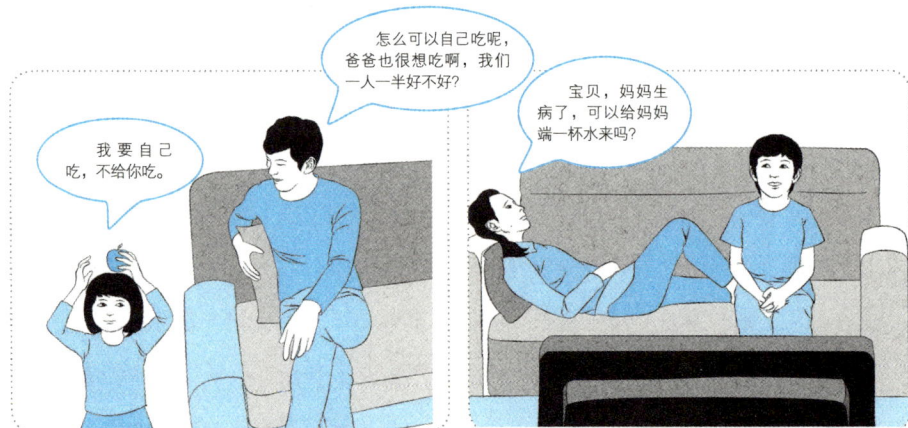

怎么可以自己吃呢，爸爸也很想吃啊，我们一人一半好不好？

我要自己吃，不给你吃。

宝贝，妈妈生病了，可以给妈妈端一杯水来吗？

1.公平对待孩子，不搞特殊化

家长要给孩子营造一个公平的成长环境，教育孩子看到自己的同时也要看到别人，坚决不给孩子特殊的待遇。

2.让孩子在实践中学会关心别人

在日常生活中，家长可以经常创造机会让孩子为他人服务，让孩子在实践中懂得关心他人。

每个人都希望得到别人的认可，孩子也是一样的。因此，改变孩子自私行为的直接办法就是让孩子树立正确的世界观和价值观，帮助他们认识到自私自利是不受人欢迎的行为，只有友善和分享才能赢得大家的喜欢。

家长的娇惯容易让孩子任性

任性，是现在社会孩子们的通病，不只是些小孩子，甚至是十几岁的孩子也还是会很任性，不听从家长的要求或者建议，总是我行我素，做事情完全按照自己的性子来做，如果不能按照自己的意愿，就会一直闹。面对孩子的任性行为，有的家长会直接妥协，有的干脆不理，有的家长会打骂孩子希望孩子改正……其实这些做法都是不正确的，只会让孩子产生叛逆心理，更加助长他们的任性行为。

孩子不会在出生的时候就懂得任性，是在后期的生活中逐渐学会的，而家长的过分宽容娇纵无疑是孩子养成任性习惯的主要原因。正如心理学上的角色效应一样，如果一直把孩子当作宠儿养的话，孩子就会觉得自己是个宠儿，因此什么事情都必须按照自己希望的那样进行，稍有不如意就会大吵大闹。由此也可以看出，孩子的叛逆行为、任性行为有很大一部分是因为家长对孩子的角色定位错误造成的。所以说，在日常的生活中，家长不要一直迁就孩子，对孩子有求必应、毫无原则，这样没有约束的毫无准则的生活方式，一定会造成孩子任性等不好的习惯的形成。

甜甜在家里一直被当作小公主一样对待，爷爷奶奶、爸爸妈妈总是对甜甜有求必应，无论甜甜想要什么，都立刻去给她买，想吃什么就都给她留着吃，因此在家里没有人会忤逆甜甜的心意，她也就形成了非常任性的习惯。乃至她要喝水时，如果妈妈端水来稍微慢一点，甜甜就会哭闹。

可是马上就要三岁的甜甜就要上幼儿园了，在幼儿园中可跟家里没法比，那么多的小朋友个个都是家里的小宝贝，大家怎么可能都依着甜甜呢，老师要照顾每一个小朋友，也没法对甜甜特殊照顾啊。可是看着甜甜平时在家的任性行为，妈妈决定要帮甜甜改正一下，要不然肯定没有办法好好地待在幼儿园中。

甜甜非常喜欢吃糖，只要看到糖就要吃。这天妈妈带着甜甜到商场买东西，甜甜看到糖之后就非要吃，妈妈说这是别人的不能吃，甜甜就站在那里哭了起来，以前只要她一哭妈妈就会妥协的，可是这次妈妈并没有给她买，而是说："现在你长大了，不能这么不听话了，吃糖对牙齿不好，我们不吃糖好不好？"没想到哭了妈妈也不给买，这下甜甜哭得更厉害了，直接躺在地上开始打滚，妈妈拉都拉不起来，商场里那么多人，妈妈实在看不下去了就答应给甜甜买一点，甜甜立刻爬起来高高兴兴地选择买什么样的糖了。

回到家之后，妈妈就把糖拿出一块给甜甜吃，剩下的藏了起来。甜甜找不到就又开始胡闹，还自己翻找，把房间弄得乱七八糟的，找不到就缠着妈妈，妈妈不给她，甜甜竟然开始打妈妈。唉，妈妈看着这样任性的甜甜，实在是没有办法了。

像甜甜这样任性实在有点太过分了，家长就要引起重视了，但是，话又说回

应对孩子任性的方法

孩子出现任性的行为时，家长也不必过于紧张，可以先疏导孩子的情绪，然后采取一定的方法，正确引导孩子的思想和行为。

我看到湘湘在那边跳舞呢，我们过去看看好不好？

我要买！

今天去超市，只能买一个你喜欢的东西，要不然以后妈妈就不能带你来超市了。

1.及时转移孩子的注意力

2.防患于未然，事先约法三章

孩子的注意力容易分散，容易被新鲜的事物所吸引，家长可以利用这一点，让孩子的注意力转向其他事物，终止孩子的任性行为。

依据家长对孩子的了解，在事前就跟孩子约法三章，而且一旦决定了就严格执行，不给孩子耍赖的机会。

来，三岁左右的孩子正处于一个叛逆期，出现任性等行为也是十分常见和正常的，从另一个角度来说，这也代表孩子有自己的独立的意识和见解，是心理健康发展的表现。但是家长不能对于孩子的任性听之任之，而是应及时关注孩子的叛逆期行为，对于孩子比较合理的行为和要求，尽量满足孩子；而对于孩子不合理的要求和过分的行为就要进行适当的引导，但是也要采取正确的方式、方法，尽量要避免实施强硬的手段，否则会助长孩子的叛逆心理，反而于事无补。

三岁左右的孩子已经能理解一些浅显的道理，并有了简单的是非观念，因此，在孩子任性、叛逆的时候，家长可以给孩子讲讲道理，当然要用孩子能够听懂和理解的语言，尽量从正面教育孩子。如果孩子不能理解，也可以设置一定的情境帮助孩子理解，逐步确立孩子的是非观念。

三岁孩子的情绪很多变

俗话说"六月的天，孩儿的脸——说变就变"，说的就是小孩子的情绪非常不稳定，可能前面还在开心地哈哈大笑，一会儿就因为一点不顺心的事情哇哇大哭了。不过孩子也很好哄，哭着的孩子也可能一下被新鲜的事物吸引，从而破涕为笑。两到三岁的孩子最容易情绪不稳定，总是在很短的时间内就发生很大的变化，也可能还会变化很多种情绪。

三岁左右的孩子已经可以体会到开心、伤心、害怕、抱歉、嫉妒等非常丰富的情绪感受，但是却由于受到心理、语言等水平的限制，他们对情绪的觉察和应对还处于一种萌芽的阶段。当孩子处于某一种情绪，特别是负面情绪的时候，他们常常不知道该如何应对，因此，孩子可能会采取一些哭闹、攻击、退缩等最原始的方式来表达内心的负面情绪。

孩子因为年龄小的缘故，自己的控制能力差，而且年龄越小自控能力越差，越容易出现不稳定的情绪，这是导致孩子情绪不稳定的主要原因之一。另外就是家长在教育方法或者教育态度上的问题，不知道该怎样应对情绪多变的孩子，无法给孩子正确的引导，导致孩子不能及时宣泄或者排解好自己的情绪。

和成年人一样，孩子也会有悲伤、愤怒、无理取闹的时候，家长们应该接纳孩子的这些不好的情绪，因为这些负面的情绪所表达出来的正是孩子内心需求的不满。如果在孩子已经产生不满的情况下，家长还这样对孩子说："你怎么就知道闹！"这等于是否定了孩子的这一情绪，孩子就会认为，自己有这样的情绪是不对的。然后孩子就会在以后的生活中逐渐把这些不良情绪压抑起来，时间长了，这些压抑的不良情绪得不到排解，就可能会导致孩子形成人格障碍。

帮助孩子保持稳定的情绪

小孩子的情绪总是起伏很大，家长可以尽量排除一些可能会导致孩子情绪不稳定的因素，避免孩子情绪多变。

发这么大脾气干什么，孩子在一边看着呢。

1.以身作则，为孩子创设一个和谐的家庭氛围

孩子的情绪易受周围环境的影响，良好的家庭环境有利于孩子拥有较稳定的情绪。

没事了，没事了。

2.接纳孩子的情绪，指导他改正不恰当的行为

在孩子情绪爆发时，家长应该接纳孩子的情绪，首先让孩子平静下来，这样孩子的情绪才能得到缓解，不良行为才能得到矫正。

接纳孩子的情绪，理解孩子的想法，才有利于平息孩子不稳定的情绪，才能继续指导孩子认识和改正自身不恰当的行为。

朗朗已经两岁半了，平常爸爸妈妈都上班，一直都是奶奶带着他，下午妈妈下班之后再跟着妈妈，晚上也是跟着妈妈睡。但是由于平时还是跟奶奶的时间多一点，因此和奶奶的感情很好。奶奶每天晚上都要出去跳广场舞，朗朗就跟着妈妈在家里玩或者在家周围和别的小朋友玩一下。可是妈妈发现朗朗经常正玩得高兴呢，忽然就会哭起来说："我要找奶奶！"

不只是这样，朗朗最近的情绪总是很多变。妈妈每天哄着他睡觉，给他讲故事或者唱歌，原本气氛很好，朗朗也很安静，可是总是会不明原因地就哭起来，有时是想找奶奶，有时是想起什么东西坏了，有时妈妈讲的故事里有一点他认为不好的情节也会哭。前一阵妈妈讲大灰狼的故事，说小白兔把大灰狼的尾巴夹住了，朗朗就忽然哭了起来，说大灰狼会疼。妈妈只好先哄一下朗朗。

有时候家里来了小朋友找朗朗玩，他就会非常开心，两个小朋友玩着玩具或者游戏，总是在哈哈大笑，可是过不了一会儿就会听到哭声，两个人打架打哭了。这个时候妈妈安慰一下他，或者再找个别的玩具和他玩一下，被吸引住的朗朗一会儿就破涕为笑，又开心地玩起来。

虽然是个男孩子，但是妈妈感觉朗朗非常多愁善感，经常心情低落，这时如果不小心惹到他，他就会恼怒不已。有时和朗朗在一块儿，妈妈都非常注意自己的言行，就怕朗朗忽然就"变脸"。

有些家长面对孩子忽然不明缘由的哭闹或者不高兴时，总是会想方设法让孩子开心起来，似乎只有孩子一直在笑才可以，有的家长看到孩子哭闹就心烦，因此可能会采取强硬的态度阻止孩子的哭闹。其实，就像大人一样，孩子也会有很多不同的情绪，只不过大人的自控能力强一点，有些不好的情绪能够藏在心里不表现出来，而孩子的世界十分单纯，也不会隐藏，有什么情绪就会表现什么情绪，因此看上去孩子的情绪总是非常多变。就像上文中的朗朗一样，玩着玩着想起奶奶了，可能就会因为见不到奶奶而感到难过，就会哭了起来，但是如果换成一个大人的话，可能就只是在心里想一下，并不会表现出来。

面对孩子的这些情绪变化，家长不要一味地进行阻止，有些情绪孩子还是需要发泄的，发泄出来可能对孩子更加有利。美国的心理学家在芝加哥市的霍桑工厂曾经进行了一个实验：当心理学家帮助工人们把心中的不良情绪发泄出来以

如何引导孩子正确宣泄自己的情绪

当孩子能够正确面对自己的情绪之后，家长就要引导孩子把自己的这些情绪处理好，把不好的情绪宣泄出来。

1.用语言文字或符号宣泄

最直接的方式就是说出来，一旦说出来孩子就感觉受到了理解和尊重。也可以通过画画等方式宣泄心中的不满。

> 我就画你，就画你！

> 好样的！

2.用运动的方式宣泄

负面情绪往往具有很大的能量，家长可以引导孩子通过跑步、踢球等运动的方式把能量疏导出来，既锻炼了身体，又宣泄了情绪。

3.用唱歌的方式宣泄

有些孩子会通过大声说话甚至骂人的方式宣泄，这时家长可以引导孩子用大声唱歌这样的方式宣泄，同时还能提高孩子的艺术修养。

> 我们来比赛唱歌好不好？看看谁唱得好！

后，工厂的工作效率有了大幅度的提高。这就是著名的霍桑效应，这就说明如果人们在日常的生活中累积了很多的不良情绪，而这些不良情绪没有通过有效的途径发泄出来的话，会对人的身心健康十分不利。对于孩子也是一样的，孩子也会有各种各样的不良情绪，这个时候不妨让孩子尽情发泄这些不良情绪，这样可以让孩子保持心情舒畅，有利于孩子的身心健康成长。

孩子变得焦躁、爱哭闹

三岁左右的孩子已经具有了很强的自我意识，他们认为哭闹可以左右一些事情，比如可以让家长买自己喜欢的玩具或者零食，哭闹成了孩子实现自我需求的一种手段。哭闹，是孩子最为常见的一种行为，也可以说，孩子的成长都是由哭声陪伴的。

三岁的孩子有一项重要的任务，那就是他们不但要构建内在的秩序，而且还要维护这种秩序。这个时期中，如果外界的环境、设置、安排与他们内在的秩序不一致，他们就会变得焦躁，而对于没有丰富经验的孩子来说，他们的情绪控制能力还很弱，一旦感到不满，就会毫不掩饰地表现出来，这很容易导致孩子的不良行为。而孩子在进行自我释放的过程中，难免会将其转移到某些事物上，通常会以叫嚷、哭闹的方式宣泄出来。这个时候家长如果没有耐心，就会认为孩子是在无理取闹，是孩子叛逆的表现，就会去制止孩子，进而导致孩子一系列的反抗行为。

齐齐已经上幼儿园了，妈妈以为孩子上了幼儿园可以跟着老师养成懂礼貌等习惯，应该会变得越来越听话，可是事情并没有这样变化，齐齐反而更加难以管教了。总是不听妈妈的话，妈妈让他干什么，只要不符合他的意愿，齐齐就会冲着妈妈大声叫嚷，要不就会大哭大闹反抗，做事情一点儿耐心也没有，有时玩着玩着就跟玩具较起劲来，把玩具摔在地上，还踩上几脚，妈妈感觉齐齐跟有了焦虑症一样。

齐齐特别喜欢玩滑梯，妈妈就买了一套小的滑梯安在齐齐的玩具房里，齐齐经常会自己在玩具房中玩滑梯。夏天的时候，齐齐脚上不用穿袜子了，光着脚可以很容易地从滑梯下端直接爬上去，就不用绕到滑梯后面从小台阶上去了。可是天气凉了之后妈妈就给齐齐穿上小袜子，这样摩擦力变小，齐齐就不能直接从滑梯上爬上去了。

这下可把齐齐气坏了，一遍一遍地努力往上爬，一直都失败，三岁的齐齐还不能了解自己爬不上去是因为穿着袜子，因此尝试了很多次之后就变得没有耐性，开始发脾气，冲着一边的妈妈大声叫嚷："我爬不上去！"说着说着就大哭起来，非要让妈妈把自己抱上去，妈妈让他自己转到后面从小台阶那里上去，齐齐一边哭一边说："我就要从这里上去！你把我抱上去！"看着大哭的齐齐，妈妈真的是一点办法也没有。

孩子哭闹一定是有其原因的，家长应该先找到孩子哭闹的原因，有一些是比较容易看出来的，比如生病、被欺负、受伤等原因，但也有一些原因是比较隐性的，比如是被家长忽视了或者被误解了，等等。孩子偶尔哭几声发泄一下情绪是无可厚非的，任何人都有需要发泄情绪的时候，家长也不要一看到孩子在哭就训斥孩子。但是如果孩子动不动就哭，并且认为哭是一种控制家长的手段，以此来达到自己的需求，这样就需要家长们正确地教育孩子，让孩子知道哭闹并不能改变什么。

那么，具体要用什么样的态度来对待孩子的焦虑和哭闹呢？家长首先要能够体谅孩子，尽量不要以暴制暴，可以时常在心里提醒、暗示自己：孩子并不是有意惹人生气的。其次，家长要弄清楚孩子出现这种行为的原因，特别是这个阶段的孩子年龄小，还不能很好地消化自己的不良情绪，需要家长鼓励孩子把这些不满或者是不好的情绪讲出来。当然，最重要的一点，就是家长要多关注孩子，关心孩子，给予孩子更多的理解和爱护。

孩子哭闹的隐性原因

1.被忽视了

孩子都有一种渴望被重视的心理，如果大人们没有关注孩子，让他们感觉自己被忽视了，他们就会用哭来吸引大人的注意力。

2.被误解了

比如孩子感到委屈想要得到安慰就把手指往嘴里放，家长以为是饿了就给他吃东西，孩子不想吃东西，就会又哭又闹。

3.孩子有抵触情绪

如果孩子对某件事情有不愿意或者畏惧的情绪，家长却坚持让他做的话，孩子就会哭闹。

4.不耐烦

孩子喜欢新奇的事物，耐心有限，做一件事情或待在一个地方时间一长，孩子就会失去耐性，变得焦躁，就会哭闹。

当然，导致孩子哭闹的原因有很多。但是不管是哪一种原因造成的孩子情绪的波动，家长都要积极对待，用适当的方法帮助孩子恢复好心情。

第三章 关注宝宝的心灵成长

孩子发出了独立的信号——"自己来"

三岁左右是孩子的第一个叛逆期，这也是孩子自我意识迅速增强的表现，在这之前，孩子的自我意识还不成熟，他们时常把自己和周围的事物混为一体。随着语言和运动能力的发展，孩子们与周围环境的接触越来越多，自我意识也就逐渐形成了。于是孩子就学会了使用"我""我的""我自己来"这些词语来表达自己的愿望和要求，他们喜欢按照自己的方式去行动。

如果孩子已经表达了自己的意愿，而家长忽视了，比如孩子想要自己做一件事情，家长却担心孩子太小做不好，代替孩子去做，孩子就会用哭闹等方式来表达自己的不满。其实，孩子要求"自己来"，是在用他们的方式向大人们宣布：我独立了！如果家长能够把这个当作孩子长大的信号，给孩子做事的机会，不去触犯孩子的底线，那么不但有利于孩子"自我"的进一步建构，还有利于孩子各项能力的发展。

迪迪刚刚两岁半，但是已经像个小大人一样了，说话也有模有样的，做事情更是要"亲力亲为"，不管自己会不会，都会要求自己来做。

由于迪迪很喜欢吹唢呐、口琴之类的东西，妈妈就给他买了一个口琴，因为是嘴接触的东西，就怕不卫生，因此每次迪迪玩完，妈妈就会把口琴装到配套的

小盒子里，所以每次要玩的时候都要打开盒子取出来。以前都是迪迪说要玩，妈妈就帮他取出来，可是现在迪迪都要自己打开，自己拿出来。

这天迪迪又要玩口琴，妈妈没有多想就直接拿出来给他了，结果迪迪就不接口琴，还生气地对妈妈说："放回去，你快放回去！我要自己拿出来！"妈妈说你直接玩就行了，可是迪迪不依不饶，非让妈妈放回去，自己又费劲地打开拿出来，这才开心地玩了起来。

不只是玩具，吃饭的时候也要自己拿着小筷子自己夹菜吃；看到妈妈洗衣服就要自己洗自己的衣服；他下楼梯很慢，妈妈有时赶时间就抱他下楼，他不会老实地让妈妈抱，非要自己下去；买东西的时候要他拿着钱给别人才行……妈妈感觉迪迪变得可拧了，做不好的事情也非要自己做，爸爸妈妈一帮忙他就生气，不是哭就是闹的。

其实在孩子会走路会说话以后自我意识就会开始萌发，这时就会表现出一定的独立意识和愿望，凡事都希望自己来做。孩子这个时期有这样的表现是十分正常的，也是孩子迈向独立的第一步。如果孩子的这种独立意识能够得到健康发展，孩子对家长的依赖心理就会减少，这对孩子将来也是十分有利的，可以让孩子在将来更加善于独立思考、果断办事。

可能家长已经习惯了帮孩子做好所有的事情，让孩子按照自己的意愿去做事，所以这个时期由于孩子要求自己做，会让家长觉得孩子"不听话"了，就像上文中迪迪的妈妈一样，觉得孩子变得非常拧。孩子的这个时期在心理学上称为孩子成长发展过程中的转折期，也称为"反抗期"。不过，家长无意识地限制孩子独立的行为，是孩子反抗的一个重要原因。

从心理发展角度来说，孩子要求"自己来"，标志着孩子的自我意识和独立意识已经萌芽并在逐步增强。从教育的角度来说，这对孩子的自理能力以及自信心的增强十分有益。因此，家长应该保护好孩子的这种想要"自己来"的愿望，促进孩子更好地成长。

帮助孩子发展独立能力

孩子在三岁左右的时候，已经有了独立的意识，这个时期孩子可以自己做的事情就让孩子去做，家长可以因势利导，帮助孩子增强自理能力，发展其独立能力。

好了，现在在毛巾上涂上肥皂。

1.耐心教会孩子做事情的技能

孩子由于年龄小，很多事情想要自己做却做不好，这时，家长要耐心指导，做好示范，教会孩子做事的一些基本技能。

2.给孩子安全的独立做事的机会

孩子做事时难免会有许多不周全的地方，家长应该尽量为孩子提供一个安全的环境，让孩子独立做事，增强自信心。

你要自己把球都捡起来放到球池里哦。

要快点哦，走到前面广告牌那里妈妈就会抱着你。

3.提醒孩子持之以恒

小孩子做事总是一时兴起，缺乏稳定性，家长想要孩子能够养成自己的事情自己做的习惯，就要不断提醒孩子，让其持之以恒。

喜欢自言自语正常吗

由于现在的孩子都是独生子女，所以孩子的成长总是格外牵动家长的心。家长也总是观察孩子的一言一行，生怕孩子在哪一方面有什么问题会影响孩子健康成长。可是，从孩子两三岁开始，有些家长就会发现自己的孩子经常自己和自己说话，就跟旁边有个人和他对话一样，有时又像是在讲故事一样。由于孩子的声音并不是很大，家长可能没有办法听清楚孩子说了什么，但是非常确定孩子不是在唱歌或者背诗之类的，真的是在"聊天"！

于是很多家长就会很紧张，怕是孩子的心理方面出了什么问题。

莉莉快三岁了，平常很爱动，也很喜欢说话，和妈妈在一块儿的时候，小嘴总是停不下来，一直在说，有时一些话总是翻来覆去说。妈妈总是说莉莉像个小鸟一样叽叽喳喳说个没完没了。

可是上幼儿园之后，妈妈就发现莉莉经常自己一个人在聊天说话。开始以为是莉莉在和自己的玩具说话呢，妈妈也就没有上心。有一次，莉莉躺在沙发上，又在自己和自己说话！妈妈在一边拖地，可是莉莉说话的声音很小，妈妈也听不到莉莉在说什么，就放下东西，走到莉莉身边，看看是不是在和她的布娃娃说话。可是妈妈一走到莉莉身边，莉莉就不说了。而妈妈看看沙发上，除了莉莉自己之外，什么都没有，一个布娃娃也没有！

妈妈问莉莉刚才在说什么，莉莉摇头说："我什么也没说。"妈妈说："那你和妈妈来聊天好不好？"莉莉却说自己想看电视了，接着就打开电视看了，而没有和妈妈聊天。

后来，妈妈又观察了很久，发现莉莉就是非常喜欢和自己说话。这下妈妈已经非常确定莉莉是在自言自语了，于是就非常担心，怕莉莉是不是得了什么病，或者是心理上出现什么事情才让莉莉这样，因为莉莉平常总是一个人玩，爸爸妈妈都很忙。

看到孩子出现自言自语的情况时，很多家长都会有莉莉妈妈这样的担心，怕孩子是因为孤单等原因造成了心理问题。其实家长完全没有必要有这样的担心，心理学家研究表明，三岁左右正是孩子语言发展从外部语言过渡到内部语言的关键时期，自言自语只是孩子把自己内心思考的东西用语言表达出来了。之所以孩子要把心里想的用语言表达，而不是像大人一样沉默思考，是因为孩子在这个时期思维能力正在飞速地发展，但是还没有成熟，因此孩子需要用具体的语言来帮助自己进行思考，然后再慢慢厘清思路。

◀◀◀ 正确面对孩子的自言自语 ▶▶▶

自言自语是孩子在社会经验积累的体现，那些已经上了幼儿园或者经常和小伙伴玩耍的孩子，自言自语的现象会更多，那么，面对孩子的这种行为，家长应该怎么做呢？

1.多给孩子一些提示，丰富孩子的语言和知识

孩子在自言自语时，家长要注意倾听，了解孩子的发展状况，可以多用语言给孩子一些提示，教给孩子更多的语言表达方式以及其他知识。

香蕉是黄色的，你看看它是不是还弯弯的呢？

我是，嗯，嗯……

我才不会被你打败，我们来比赛一下吧！

我要把你打败！

2.进行亲子游戏，和孩子一起想象

孩子有时会给自己定义一种角色，然后根据角色开始自言自语，这时，家长可以由此进行亲子游戏，训练孩子的表达能力和想象能力。

孩子自言自语也说明孩子缺乏交流，因此，家长也要多带孩子出去走走，多接触外界，引导孩子和同龄小朋友交往，开阔孩子的视野，养成孩子活泼开朗的性格。

所以，当发现孩子自言自语的时候，家长放心地让孩子畅所欲言就可以了，这说明孩子正在思考呢，而且孩子这样的自言自语对他们的成长还有一定的好处。因为孩子在自己进行说话的时候可以放松身心，语言充满感情色彩，可以充分地表达、宣泄自己的思想、情感，这样对孩子的情绪稳定有一定的帮助。另外，孩子在自言自语的时候能够做到注意力集中，这样十分有利于孩子的学习能力和认知水平的提高。

孩子变得爱幻想、说大话

有些家长会发现，孩子在语言表达能力有了进步的同时，"说谎"能力也在增强。很多三岁左右的孩子说话常常天马行空，有的只是夸张一点，可是有些一听就是太不靠谱了。

有些家长会认为这就是孩子在撒谎，或者说是在说大话，因而会训斥孩子，或者直接对孩子说不可能。比如有的孩子说自己的小汽车飞起来了，妈妈就说小汽车不可能会飞。但是孩子就会固执地认为自己的小汽车会飞。

其实像小汽车会飞等这种情况是孩子自己的愿望或者想象，但是他们却把这种美好的幻想当作真实的情况一样说出来。这是因为在这一阶段，孩子们的认知能力和思维能力发育得还不够完善，很多时候他们也分不清楚什么是真实的，什么是自己幻想出来的，由于出现了混淆，所以孩子就会把自己幻想的一些东西说得像是真的一样。但是，家长却会认为孩子是在说谎、吹牛，有时还会因此训斥孩子。

奕奕已经上幼儿园了，每天去幼儿园都是奕奕最开心的事情，因为那里有很多小朋友。可是最近幼儿园的老师却经常向奕奕的妈妈"告状"，说奕奕经常在幼儿园说一些没有边际的话，希望妈妈能够教育一下孩子。老师说奕奕经常带着几个小男孩拿着一个玩具电锯锯幼儿园的树，说是这样就可以把树砍倒。有时还会告诉小朋友这个周末爸爸妈妈会带着奕奕出国玩去，等等。

妈妈没有想到奕奕这么会"扯"，其实不只是在幼儿园中，在家里奕奕也是经常说一些不着边际的话。上次奕奕还对妈妈说自己第一个学会了老师教给的舞蹈，大家都羡慕他，结果妈妈让他跳一下看看的时候，奕奕又推脱着不跳，其实他根本就没有学会。有时他自己正在玩着的时候，就会拿着他的玩具枪对妈妈说："妈妈，刚才我抓住了一个小偷，用我的枪抓住的，我厉害吧？"

妈妈很害怕奕奕这样总是说谎、说大话，会对以后产生不好的影响，就总是制止奕奕说这样的话，每次妈妈知道后都会教育他，可是奕奕并不觉得自己在说谎，每次都着急为自己争辩说自己说的是"真的"。为此，妈妈烦恼不已。

像奕奕这么大的孩子，他们的幻想是无意识的，也不是有意在说谎，只是孩子的想象力非常丰富，而孩子也不能分辨出这到底是真实的还是自己想出来的，因此就直接说了。一些儿童心理学家认为，孩子的幻想是有好处的：善于幻想的孩子在长大以后会拥有更加丰富的想象力；孩子在幻想中，可以通过扮演各种各样的角色来体验在现实生活中难以体验到的各种情感，这样有助于孩子对各种情感有更加真实、感性的认识；孩子还可以在幻想中与各种各样的人交流，增强孩子的交际能力。所以，在发现孩子撒谎时，家长不必过于担心，这是这个年龄阶段的孩子普遍会有的现象。

两三岁的孩子很喜欢说大话，其实是想引起别人的羡慕，从而让自己能够自我肯定、自我欣赏，因此孩子可能会在小伙伴们面前显示、夸耀自己，证明自己的优越，引起他人的认可和关注。其实，这些大话，正好可以让家长了解孩子的内心需求和渴望，因此不需要责备孩子。但是，家长也不能一直听之任之，还是要对孩子有一个正确的、积极的引导，避免孩子的思想过于荒诞。既要鼓励孩子进行想象，又要尽量避免孩子由于想象而养成撒谎的习惯。

怎样对待爱说大话的孩子

妈妈快看，我会飞！

大宝注意！妈妈也要起飞了。

我们看看西瓜是不是没有你说的那样像房子一样大呢？

1.和孩子一起幻想

2.区分事实与想象

孩子的幻想是即兴的，家长可以参与孩子的幻想中，和孩子一起表演，满足孩子的表现欲，鼓励孩子张开想象的翅膀。

家长多让孩子学习，了解一些事物的特点，分清真实与想象，就可以减少孩子说大话、撒谎的概率。

总之，对于爱幻想说大话的孩子，一要理解，要正确引导。不要一味地制止、指责，这样会损伤孩子的创造力和想象力。也不应该放任自流，否则会使孩子习惯性地将幻想当作现实。

孩子到了喜欢说"不"的时期

三岁左右的孩子，个人意志进一步发展，他们开始有意识地用抗拒和拒绝别人的方式练习使用自己的意志。例如，用说"不"来显示自己的强大。他们开始动不动就说"不"，不管是对家长还是其他小朋友，总是习惯性地说"不"，令人哭笑不得，头疼不已。

小爽最近总是不听话，每天都要让妈妈生气，妈妈觉得小爽还不如一两岁的时候好呢。现在小爽三岁了，却越发让她头疼了，说什么也不听，让她干什么她也不干，一张嘴就是"我不""不要"这样的话。

早晨小爽醒了之后，妈妈给她穿衣服，小爽胳膊往后一缩说："我不穿衣服，我不想穿衣服。"妈妈还要上班呢，就说要穿衣服起来洗脸，洗干净了脸就可以吃饭。小爽才不情愿地穿上衣服，可是到了卫生间又开始闹着不洗脸了，妈妈给她接上水，把脸盆放在她能够得到的高度，让她自己洗脸，小爽就说："我不自己洗脸。"妈妈给她洗，小爽又把头扭到一边说："我不洗！"

到吃饭的时候，妈妈给小爽夹菜吃，小爽赶紧护住自己的碗说："我不吃这个。"让她喝粥她也说："我不喝粥。"其实一会儿她就会喝粥了，只是无论让她干什么，嘴上总是会说"不"。一个早晨都没有顺利完成的事情，总是伴随着各种各样的"不要"、"不想"。

就连去幼儿园的路上，也是一直在对妈妈说："妈妈，我不要去幼儿园。"可是到了幼儿园门口，看到熟悉的小伙伴们之后，小爽就马上飞快地跑向他们了，妈妈说："小爽，和妈妈再见。"小爽一边往幼儿园跑，一边说："不要！"

并不是只有小爽才这样，几乎每一个孩子在两岁之前都会比较听话，但是到两岁之后，特别是到了三岁左右的时候，孩子就会一直说"不"，那么，孩子究竟是为什么老是这样说呢？

其实，这跟孩子的心理发展阶段有关系。孩子到了两三岁的时候，基本已经可以用简单的语言表达自己的想法了，有的还已经学会了唱歌、背诗，等等，而且随着孩子与外界的不断接触，他们能够感受和理解的世界就变大了，各方面知识不断增多，孩子逐渐认识到了"自我"的存在，于是孩子开始强烈地要求独立，事情要自己去做，东西要自己去拿，努力建构自己能够主宰的领域。而家长却已经习惯了那个什么时候都听话的乖宝宝，也习惯了什么事情都替孩子安排

好，因此孩子就会不断进行反抗，表明自己的想法。

其实三岁左右的孩子反抗家长，无外乎就是希望自己的行为得到家长的认同，指望自己对这个世界的探索能够不受到限制和干涉，能够充分地发展自我。因此，面对孩子说"不"，家长要摆正心态并且尊重孩子，要考虑一下孩子这样说的原因是什么，而不是一味地呵斥孩子。

孩子说"不"表明孩子有了一定的自我主张，这并不是什么坏事。但是如果家长处理不好，可能会对孩子的成长产生不利影响。如果家长能够突破传统，抓

◀ ◀ ♥ 孩子总说"不"，家长如何应对 ♥ ▶ ▶

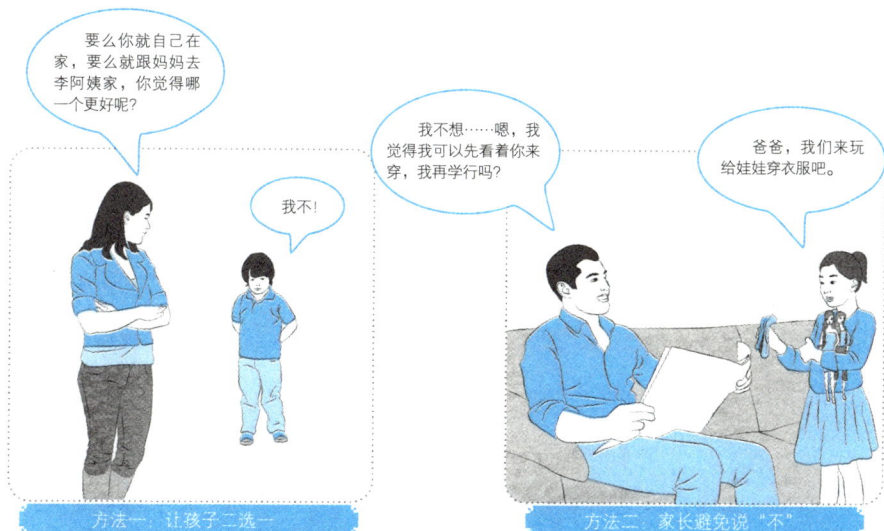

要么你就自己在家，要么就跟妈妈去李阿姨家，你觉得哪一个更好呢？

我不！

我不想……嗯，我觉得我可以先看着你来穿，我再学行吗？

爸爸，我们来玩给娃娃穿衣服吧。

方法一 让孩子二选一

孩子说"不"时，妈妈也不必过于坚持自己的想法，可以拿出没有对错之分的两种意见让孩子选择，这样孩子就会感觉自己能做主了。

方法二 家长避免说"不"

孩子总是习惯性模仿家长的行为和语言，因此家长在说"不"的时候可以用其他语言代替。

另外，家长不要一听到孩子说"不"，就认为孩子不听话，马上就训斥孩子或加重语气，这样只会适得其反，而是要冷静、理智面对。

住培养孩子各方面能力的机会，引导孩子走向独立，就能促进孩子形成良好的个性。在孩子说"不"的时候，要多从孩子的角度来看待问题，对孩子的某种行为给予适当的赞成和鼓励，发展孩子各方面能力，用无限的耐心帮助孩子平稳度过这一特殊时期。

喜欢故意说脏话、坏话

有很多小孩子会故意说一些脏话，说的时候还笑嘻嘻的，似乎在说什么有趣的话，而不是这样不礼貌的话语。而家长就会很生气，总是会厉声制止孩子的这种行为，可是孩子还是会笑嘻嘻地说，越不让他们说，他们越说。

其实，由于孩子的年龄还小，他们总是会模仿身边的人，听到别人骂脏话后他们也会学，可是他们还不能理解这些脏话所包含的意思，也不会意识到自己说的话不文明。而他们在说这些话的时候，一些长辈或是哄堂大笑，或是厉声制止，这会让孩子产生一种错误的认识，认为自己所说的话十分有意思、很好玩，因此，为了引起他人的注意，孩子就会故意说这些脏话、坏话。也就出现"越不让他说，他越说"的这种现象。

然然说话说得比较早，发音也比较清楚，还不到两岁的时候就已经很会表达自己的意思了。出去玩的时候小嘴也甜甜的，见到人不管认识不认识就喊爷爷奶奶、叔叔阿姨的，大家都非常喜欢逗他玩。

现在然然快要三岁了，妈妈却烦恼不已，因为然然不知道从哪里学来的，总是动不动就说脏话、坏话，有时直接就是骂人的话。然然每天出去玩的时候，只要看到他三奶奶坐在一边玩，就会跑过去对着三奶奶说："三奶奶，我踢你。"他三奶奶就会装作生气的样子训斥他，然然就会咯咯地笑。

有一次，爸爸给然然买回来一个很大的奥特曼，然然可高兴了，看到奥特曼

改正说脏话的不良习惯

两三岁的孩子辨别能力还比较差，总是分不清好坏就直接模仿别人的行为和语言。但是对于一些不好的行为，家长一定要趁早帮助孩子改正，避免越大越难改。

> 妈，最近不要带着可可去琳琳家玩了，那个孩子爱说脏话。

> 行，知道了。

1.隔离法

孩子容易受到环境的影响，如果周围的人有说脏话的习惯，孩子就会学习，因此可以让孩子远离不良语言环境，听不到、学不到脏话，孩子也就不会说了。

> 爸爸，大坏蛋，大坏蛋，哈哈。

2.忽略法

对于孩子说脏话，家长不要过分反应，适当忽略一下，孩子觉得没有意思，也就慢慢不会再说了。

> 这样说话可是不对的哦，这样别人也不喜欢你了，你可以说我生气了，但不能骂人家。

> 她最讨厌了，她是大坏蛋，她还是……

3.代替法

教孩子使用礼貌用语，让孩子了解到即使是在生气的时候也不应该用不礼貌的语言来表达。

让孩子不说脏话，少了这一不良行为，相信在第一叛逆期内孩子会更受别人的欢迎。

居然脱口而出："我操，这么大啊！"爸爸妈妈听到后一愣，没有想到然然这么小竟然说出这样的话，爸爸就生气说："然然，怎么说话呢？再这样说爸爸就不把奥特曼给你了。"然然噘着小嘴说："不给我就是大坏蛋，大骗子，我就骂你！"这下爸爸可是真的生气了，伸手就打了然然的屁股一下，然然接着就哭了起来，跑到妈妈身边说："妈妈，爸爸打我，你让他滚开。"

然然的爸爸妈妈平时从来不会说脏话，更不会骂人，听到然然张口就说出这样的话，感到十分吃惊，却又不知道怎么样才能帮然然改正。

很多孩子就跟然然一样，小小的年龄就学会了说这些不文明的话，家长对此也是严厉管教，可是打骂并不能真正地解决问题。因为这么小的孩子还不能完全理解这些脏话的全部含义，他们可能只是因为好奇心才这样说。因为只要他们一说，别人的反应就会很大，孩子就觉得非常新奇。

当然，说脏话是不对的，如果家长不加以管教的话，会让孩子养成说脏话的习惯，长大之后更加不好改。但是，家长也要讲究方式方法，采取有效的措施来制止孩子，帮助孩子健康成长。三岁的孩子已经可以理解一些浅显的道理，能分辨简单的是非曲直，所以，家长可以和孩子讲道理，当然一定要用孩子能够听得懂的语言，告诉孩子说脏话是一种不文明的行为，大家都不喜欢说脏话的孩子，这样孩子慢慢就会理解和接受的。

孩子做事一般都缺乏耐心

孩子在两三岁的时候，开始对一些他们感到新鲜、好奇的事物进行探索，有时会动手去实践。但是很多家长就会发现，这个年龄阶段的孩子对什么事情都是三分钟的热度，在活动中总是缺乏耐心，刚开始的时候很兴奋、跃跃欲试，但是不用过多久，也就几分钟，他们就会失去耐心，放弃继续探索。

这个年龄的孩子还没有办法长时间地集中注意力，这也就造成孩子没有耐心的状况。每个年龄阶段的孩子，集中注意力的时间的长短是不同的。在孩子三岁

左右的时候，一般只能保持10分钟左右的注意力。如果孩子连这样的一个时间段都达不到，说明孩子做事情的时候经常被人打断，打断的次数过多，孩子的注意力也就不能持续较长的时间。

香香是个典型的急脾气，无论做什么都必须立刻就做，还要马上就能做好才行，只要让她稍微等一下，香香就会发脾气。自己做事情的时候也是这样，只有三分钟热度，往往才玩一会儿就又被其他事物吸引，接着就去做另外的事情了。

香香现在已经快三岁了，所以妈妈想让香香学着自己做一些事情，比如穿鞋子。香香的鞋子都是不用系鞋带的，是用魔术贴，穿上之后粘住就可以了，所以妈妈觉得香香完全可以学会自己穿鞋。可是，妈妈教了好多遍香香就是学不会。每次妈妈教的时候，香香自己总是没有办法顺利地把脚放进鞋里，这个时候香香就会气得把鞋一摔，跑去玩别的去了。

就是玩儿，香香也是没有长性，总是玩一下这个玩一下那个的。有一天晚上吃完饭，香香说想要玩滑梯，妈妈就带着香香到玩具房里玩，由于天气太热，妈妈就打开空调了，可是房间的温度还没有降下来呢，香香就不想玩了，自己跑到卧室，拿出故事书，让妈妈给她讲故事。妈妈就坐在沙发上讲，可是妈妈还没有讲多少，香香就一直问妈妈是不是这样，是不是那样，根本没有耐心听妈妈一步一步地讲。还没有听完一个故事，香香就跑到一边，骑着自己的扭扭车在客厅玩了起来。

没有耐性似乎是这个年龄阶段孩子的通病，而家长总是认为孩子还很小，对孩子的这种行为并没有过多的引导。孩子的年龄小，稳定差，注意力不集中，做事情时容易被新鲜、有趣的事物所吸引，这是两三岁孩子的普遍特点。可是家长们也都知道这样没有耐性对孩子并不是一件好的事情，因此每一位家长都希望帮助孩子变得有耐性一点，那么家长们首先要帮助孩子排除各种可能导致孩子失去耐心的因素，让孩子能够全神贯注地做事情。然后，在孩子专心做一件事情的时候，家长们要注意自己的言行举止，最好与孩子能够形成良好的互动，或者坐下来做一些比较安静的事情，一定要注意不要随意地去干扰孩子。

另外还有一种方法能够锻炼孩子的耐心，就是在平常的一些琐碎的事情上，不要孩子说什么就立刻去做，而是要延迟满足孩子的愿望。比如孩子想要吃冰

♦♦♥ 如何让孩子变得有耐心 ♥♦♦

让他哭一会儿没事，不要他一哭你就去哄。

平常，在孩子哭闹的时候，家长不要总是用转移注意力的方式去安抚他，否则容易影响孩子的注意力。

嘘，让她安静一会儿。

当孩子专心地在做一件事情的时候，家长尽量不要打扰到孩子，玩具、电视、零食等容易分散孩子注意力的东西要尽量远离孩子。

这个啊，妈妈来帮你，我们盖一个城堡好不好？

妈妈，这个怎么放啊？

孩子在对某一件物品或事物表现出浓厚兴趣的时候，家长要适时引导、鼓励孩子坚持下去。

只要家长适当地引导，帮助孩子从日常的小事情开始逐渐锻炼，久而久之，孩子就会变得有耐心。

激凌，可是孩子刚刚才喝完一杯热水，家长就可以对孩子说："你刚才刚喝完热水，小肚子已经鼓鼓的了，过一个小时再给你吃冰激凌，妈妈一定保证。好吗？"但是当过去一个小时的时候，家长一定要遵守诺言，不能只是糊弄孩子。

两三岁的孩子已经能听懂一些道理，如果说让他们"等一等"，孩子是可以理解这个含义的。所以，在孩子缺乏耐心的时候，家长可以有意识地多让孩子体验这种延迟满足，把延迟满足的时间从几分钟延长到一两天甚至更长。慢慢地孩子就学会等待，耐心就会慢慢形成，这样孩子在做事情的时候也就能够运用自己的耐心了。

喜欢与大人对着干很正常

在孩子三岁左右的时候，家长会发现家里突然多了一个喜欢和家长对着干的小人儿，他挺着小胸脯、嘬着小嘴巴，每次都大声说着"不"，倔强地站在那里坚持着他们自己想干而家长不让他们干的芝麻小事。有时大人只要有一点点的干涉就会被认为是侵犯，有时候，孩子还会踢人、打人，只为了维护他们自己的"权利"。

这个时期的孩子就像是家里的小小"造反派"，各种"恶劣"行径数不胜数，家长面对这种状况，总是忍了又忍，最后失去耐性，对着孩子开始大吼大叫。孩子也不会轻易就"投降"，总是不屈不挠，进行"殊死"抵抗。这种状况，似乎每天都在上演，还不止一幕。

平平最近越来越不听话了，不让他干什么他就偏要干，经常惹得家长生气，对他进行训斥，可是平平一点也不会收敛，反而变本加厉。让家长头疼不已。

虽然已经三岁了，可是平平还是动不动就跪在地上玩，妈妈让他站起来，他就跟没有听见一样，继续跪在地上玩着他的玩具车。妈妈过去把他的玩具车拿走，看到车被拿走了，平平也知道这是自己没有听话的惩罚，就撇撇嘴，但是还是没有要起来的意思，甚至干脆一屁股坐在地上，开始玩别的玩具。由于平常平平总是爱把玩具扔得满地都是，坐在地上捡起玩具来倒是也方便。妈妈看着赖在地上不起来的平平，生气地把他强行拽起来，可是平平的两条腿一缩，根本就不站在地上，妈妈也不能一直拽着他，害怕拽伤他的胳膊，只好再放下，这样平平就又坐在地上了。

不只是这一件事情，夏天平平可能觉得太热，总是喜欢喝凉水，妈妈告诉他喝凉水会肚子疼，每次都给他喝温开水，可是平平经常偷偷地自己接饮水机的凉水喝。有一次妈妈在客厅里，平平怕妈妈看到，就自己拿着杯子跑到厨房里面，妈妈听到有水声，进去一看，这个孩子竟然用杯子接自来水喝！妈妈不让他喝，平平就又哭又闹的。

每天，妈妈都说烦了，可是平平还是和妈妈对着干，有时妈妈忍不住了就揍他，可是平平哭完，还是继续对抗。

像平平这样年龄的小孩子，几乎个个都是这样一直在反抗着家长，这是什么原因呢？其实三岁左右的孩子身体活动能力已经比较强了，他们在好奇心的驱使下，总是希望自己能独立进行一些新的体验，如果这个时候遭到阻碍的话，孩子就会无畏地进行反抗。

另外一个原因就是孩子自我意识的发展，三岁的孩子已经清楚地知道哪些是"我"想要的、想做的。他们会强烈地表达自己的意志，而这些往往会和家长的规范相违背，这样孩子就会体验到巨大的挫败感，继而产生反抗行为。

当然，三岁孩子的心智发育还不成熟，情绪控制能力也还比较弱。这个时期如果孩子的内心需求没有得到满足，他们往往就会用很直接的方式表达出来，比如哭闹或者是打人等攻击行为。

对此，家长也不必过于烦恼，三岁左右的孩子都会出现半年到一年的"反抗期"，这个时期孩子总是会和大人对着干，这也是儿童心理发展的一个必经阶

段。家长也不要认为这是孩子在挑战家长的权威，这只是因为孩子的自我意识在发展，试图用反抗来证明自我。一方面，孩子是想引起别人的关注；另一方面，是孩子的控制能力差，越是家长不让做的事情，孩子越控制不住地想去做。所以，家长不要一味埋怨孩子不听话，而是应该去理解孩子、尊重孩子，然后加以巧妙地引导，事情才会顺利解决。

❤❤♥ 引导孩子顺利度过反抗期 ♥❤❤

不让孩子做的事情，他偏要做，这时家长就不要硬性要求了，一味地干涉只能引起孩子更加强烈的反抗。家长不妨试试下面的方法：

方法一：满足孩子的要求，让他尽情探索

三岁的孩子拥有丰富的想象力和强烈的好奇心，坚持自己做事情是他急于探索事物的表现。对此，家长可以在保证安全的前提下，适当满足孩子的要求，鼓励他尽情探索。

你可以碰一下，看看烫不烫。

方法二：让孩子亲身体验一下接触某些危险物品的结果

很多潜在的危险孩子并不知道，而好奇心又驱使他们进行尝试。这时，家长可以让孩子接触一下危险物品，有了亲身感受，孩子就不会随意碰触了。

第四章　三岁孩子的快乐交际圈

三岁孩子有点分离焦虑

相信很多家长都会遇到这样的情况：在送孩子上幼儿园的时候，孩子总是哭闹，不是吵着要回家不去幼儿园，就是非让妈妈一起去幼儿园，自己不愿意去。每天在幼儿园门口总是有很多家长与孩子上演一场分离大戏。但是三岁的孩子已经可以上幼儿园了，家长都工作的孩子更是早早地送到幼儿园中。而且三岁的孩子要开始一定的社会交际活动，开始认识朋友，开始有自己的交际圈了。

可是这个时期的孩子好像有点分离焦虑，什么是焦虑呢？焦虑是指缺乏明显客观原因的内心不安或者无根据的恐惧，是人们遇到某些事情如挑战、困难等出现的一种正常的情绪反应。有了焦虑，人除了会产生担忧、紧张、不安、恐惧等情绪体验之外，还会伴有明显的生理变化，如血液内肾上腺素浓度增加、心悸、血压升高、呼吸加深加快，等等。所以说，焦虑情绪对人的身体是有危害的，对于还不会调节自己情绪的孩子来说，危害会更大更深了。

孩子要面临的最早的分离焦虑是来自于与妈妈等养育者的分离。所谓分离焦虑，就是孩子离开家长或者亲密的照顾者时所出现的负面情绪，如紧张、不安、沮丧、闷闷不乐，或者特别黏人、爱哭、固执，等等。孩子出现这样的情绪，就是希望照顾者能留在身边，或者自己能够留在熟悉的环境中。

小云云已经三岁了，妈妈也将她送到幼儿园去上学了，原本以为云云在幼儿园会认识很多小朋友，有了小朋友一起玩，云云一定非常高兴。可是事情并不和妈妈预想的一样，反而每天早晨送云云去幼儿园就像是打了一场仗一样累。

刚开始送云云去幼儿园的时候，云云还很兴奋，可是到了门口就开始不顺利了。云云想去幼儿园，却必须让妈妈抱着进去，老师要抱她，云云就开始哭。没办法，妈妈只好把云云抱到教室里，可是云云还是不让妈妈离开，只要妈妈一走，云云就哭着追着妈妈走，怎么也不要自己在幼儿园。

每天妈妈都要趁着云云和别的小朋友玩的时候，自己偷偷离开，可是幼儿园的老师说，每次找不到妈妈之后，云云总是要哭很久，哭累了才停下。现在，一听到妈妈说要去幼儿园，云云就开始躲起来不去。在家里的时候，云云也总是黏着妈妈，妈妈觉得云云比小的时候更加黏人了，更加不听话了。

一般来说，孩子在两岁之后，对家长的依赖程度会有所降低，但是到了孩子上幼儿园的时候，就会因为环境的改变引发一次分离焦虑，就像例子中的云云一样，变得更加黏人，不愿意去幼儿园。其实，上幼儿园对孩子的影响很大，因为对孩子来讲，这是他们第一次进入一个全新的环境去生活，孩子选择拒绝和逃避也是一种自我保护。

可是，每一个孩子必定都会经历这一个时期，只有这样孩子才会更加独立地生活，才能结交更多的朋友，开始自己的"社会生活"。那么，家长要怎样做才不至于让因为分离而产生的焦虑伤害到孩子呢？

其实孩子的焦虑并没有那么的严重，但是看到爸爸妈妈脸上焦急的表情后，孩子的焦虑就会变得严重，所以，面对分离，家长首先要淡定，不能给孩子造成"分离很难过"的感觉。在送孩子去幼儿园的时候，家长越是表现出对孩子的不舍，越会让孩子感觉到上幼儿园是一件可怕的事情，孩子就会越排斥。这样孩子对陌生环境的警惕性就会提高，稍微有一些不适应，孩了的敌对情绪就形成了，导致孩子下次去幼儿园时就会哭闹和反抗。

巧妙地帮孩子减少焦虑 ❤❤❤

第一，孩子哭闹的时候，家长脸上不要流露出痛苦、同情、可怜的表情，更不要上前去安慰或者责怪孩子。

> 妈妈，我要妈妈。

第二，果断离开。在送孩子上幼儿园或者自己上班的时候，家长要果断离开孩子，或者把孩子的注意力引到别的地方去。

第三，鼓励孩子交朋友。如果孩子有熟悉的朋友，当家长离开的时候，就可以让孩子跟朋友一起玩。孩子的感情有了寄托，也就有了安全感。

> 有了好朋友，孩子就不闹了。

对于上幼儿园的孩子，家长也可以鼓励孩子和小伙伴玩耍，慢慢探索新环境，当孩子消除了对环境的陌生感，分离焦虑自然就减少了。

但是家长也不要因为孩子的哭闹和反抗就不让孩子去幼儿园。要知道，孩子的成长就是一个社会化的过程。在成长期间，孩子要形成适应社会的人格并要掌握社会认可的行为方式，克服自身的畏难情绪，而走入幼儿园这个集体，是一个很重要的过程，为孩子适应社会打下基础。

孩子变得不愿意叫人、不懂礼貌

一岁多的孩子刚刚学会说话的时候，小嘴总是特别甜，见到人就会打招呼，家长让他叫什么他就叫什么，有时遇到不认识的人，家长还没有说什么呢，孩子就会根据自己的判断开始喊"爷爷""奶奶"或者"叔叔""阿姨"了，这个时期的孩子总是特别招人喜欢，很乖巧懂事。可是随着年龄的增长，孩子变得越来越不懂礼貌了，不但不叫人了，有时还会和其他的小朋友抢东西。

其实，这还是因为三岁左右的孩子正处于第一个叛逆期内，孩子通过不再叫人、不再打招呼等方式来反抗家长。这样的表现其实是孩子在保护自我，这样的做法使得孩子感觉自己更加独立自主。

另一方面，这个年龄的孩子正处于自我意识形成、发展的初期，他们以自我为中心，很少关注外界的一些事物。所以，他们并不理解礼貌的重要性，他们更多的是关注自己，也希望别人关注自己。可是如果别人来家里做客，家长就会对客人热情，反而"冷落"了孩子，孩子就会把客人当作敌人，自然比较抗拒。

小海已经上幼儿园小班了，在幼儿园中老师总是会交给孩子很多礼貌用语，很多小朋友也变得比较有礼貌，可是小海却没有任何改变，还是和在家里的时候一样，从来不主动跟别人打招呼，也没有使用过"谢谢、对不起"等礼貌用语。在幼儿园吃饭或者是做游戏的时候，小海即使妨碍到别人，也不会向人道歉。

有时妈妈带着小海到别人家去做客，在别人家中，小海就像是在自己家里一

♥♥♥ 培养礼貌小标兵 ♥♥♥

　　孩子不肯叫人，家长也不要勉为其难地硬要孩子叫。孩子成长的过程是漫长的社会化过程，并非一朝一夕能够完成的，家长不要急于求成，可以试试下面的办法。

1.以身作则，给孩子树立好榜样

　　遇到熟人后，家长要礼貌地打招呼，为孩子起到良好的示范作用，孩子在耳濡目染下，就能逐渐学会讲礼貌。

> 好长时间没见了，最近怎么样啊？

> 孩子还小嘛，不要说他了。

> 见到叔叔怎么不叫啊？这么不听话！

2.不要过多批评孩子

　　三岁的孩子会害羞，且有自己的主见。如果动不动就批评孩子，会引起孩子的叛逆，更加讨厌叫人。

> 刚才你对阿姨笑了，妈妈真替你高兴。

3.循序渐进引导孩子

　　孩子不叫人可能是本身内向，这时家长不要强迫孩子马上就热情懂礼貌，可以一点一点引导孩子，从微笑到简单交流再到主动问好，逐渐引导。

样，一点礼貌也没有，随便翻看别人的抽屉，看着喜欢的东西就要带回家当成自己的。也不老老实实坐在一个地方，不是跳到沙发上就是钻到桌子底下，弄得妈妈也没法好好和别人聊天，而且这种行为也让妈妈觉得十分没有面子。

如果是别人到自己家里来做客，小海就更加没有礼貌了，什么东西也不让别人碰，妈妈给客人倒杯水，小海也闹着不给别人喝水。要是其他小朋友拿了一下他的玩具，小海就会立刻跑过去抢过来，别人拿什么小海就抢什么。爸妈觉得不好意思，就会训斥他几句，小海往往会哭起来没完，往往弄得爸爸妈妈不知所措。

讲礼貌能够融洽人与人之间的关系，对于小孩子来说就是能够让孩子与小伙伴小朋友们相处好。而两到三岁的孩子可塑性非常强，在以后的生活、学习中会发生很大的变化。所以，在孩子的礼貌问题上，家长也不必过于担忧，也不必对孩子提出硬性要求，而是以尊重孩子为前提，不要给孩子过多的压力。很多人并不在意孩子是否叫自己，反而是家长硬让孩子叫，孩子却偏不叫，结果让场面十分尴尬。

当然，礼貌的孩子人人喜欢，那么怎么教孩子懂礼貌呢？非常重要的一点就是家长首先要做到有礼貌。三岁左右的孩子，他们的思维还处于直观行为思维和具体形象思维之中，如果只是和孩子说要讲礼貌，孩子并不能理解。只有教孩子具体怎么做，将礼貌培养成习惯，才能让孩子成为懂礼貌的人。

而家长往往是孩子学习和模仿的第一对象，所以家长平常在生活中就多使用礼貌用语，待人接物都应该讲礼貌，对孩子也平等地讲礼貌。比如让孩子端一杯水来，可以说："请帮妈妈端一杯水来可以吗？"当孩子端来之后，就要对孩子说："谢谢。"时间久了，孩子自然就会懂礼貌了。

孩子不愿和生人交往

很多三岁左右的孩子，语言表达能力已经有所发展，在家里可以用语言比较准确地表达自己的意愿。可是，在陌生人面前，孩子却显得十分拘谨，不爱说话，看到生人就往家长身后躲。平时话不停的小嘴，这个时候也紧闭不言语了。

这种现象在很多小孩子身上都有发生。

孩子会对陌生人和陌生的环境感到恐惧，这是由于孩子社会性发展到了一定的程度，感知、辨别、记忆以及人际交往等能力逐步提高的表现。这个时期，孩子已经有了独立意识，对任何事物都会产生好奇心，再加上活动范围慢慢扩大，使得孩子有了去探索周围世界的欲望。但是，孩子一旦遭遇他从未见过的人或物时，就可能会表现出胆怯的样子。

玲玲现在两岁多了，爸爸妈妈都上班，所以从小玲玲就跟着奶奶，平常奶奶都是和她在家里玩，很少到外面去，即使出去也是去固定的朋友家玩，所以玲玲见到的生人很少。

玲玲现在已经可以比较准确地用语言表达自己的想法了，因此在家里玲玲总是说个不停，指挥着奶奶还有爸爸妈妈干这个干那个，俨然一副小霸王的气势。而且玲玲的学习能力也很强，虽然年龄小，但是已经会唱好几首歌，也会背诗了，只要妈妈说让她背诗或者唱歌，玲玲就会在家人面前大声表现自己。

可是有一次周末的时候，妈妈带着玲玲去参加同学聚会，原以为玲玲很乖，而且在家的时候也很会说话，应该没有什么问题，结果到了饭店之后，玲玲跟变了一个人似的，牵着妈妈的手就不放了，看看这里看看那里的，一点也不开心，见到妈妈的同学之后，妈妈让玲玲叫人，玲玲低着头不说话，一个阿姨逗逗玲玲，就捏捏玲玲的小脸蛋说："好可爱啊，你喊阿姨，阿姨给你糖吃，好不好？"谁知道玲玲被阿姨这样一捏吓得哭了起来。

吃饭的时候也是，玲玲已经学会自己吃饭了，可是在饭店玲玲非让妈妈喂她，妈妈问她想吃什么，玲玲也不说，只是盯着周围看。饭桌上有别的小朋友都开开心心的玩，只有玲玲一直跟在妈妈身边，哪里也不肯去。妈妈没有想到在家里很开朗的玲玲，竟然这么害怕生人和陌生的环境。看来以后得多带着玲玲出来玩玩了。

按理说三岁左右的孩子已经处于社交的萌芽阶段，他们开始渴望与外界交

◆◆◆ 改变孩子怕生的习惯 ◆◆◆

1.不强迫孩子

强迫孩子和陌生人亲近，只会加深孩子的排斥心理。如果孩子怕生，就让孩子自己慢慢熟悉之后再交往，让孩子以轻松愉快的态度面对生人。

2.投其所好

孩子总是有比较喜欢的人，家长可以先带着孩子从这些人开始，逐渐让孩子适应和陌生人交往。

3.多带孩子出去走走

平常在工作之余，不要总是待在家里，多带着孩子出去走一走，见的人多了，孩子自然就会慢慢适应面对陌生人。

其实孩子是有与人交往的愿望的，与陌生人进行磨合、交往的机会多了，孩子的恐惧情绪自然就能够得到缓解。

流，如果孩子不善于表达自己，可能是由于他们的生活环境造成的。比如孩子总是在家里玩，很少与外界接触；或者在家里的时候，家长总是赞扬孩子，当孩子得到长辈的溺爱，他们就可以自信地表达自己，而到了陌生的环境或者见到陌生的人时，可能会觉得自己不如别人，自信心受到打击，也就不能表达自我了。

孩子怕生，不愿意和陌生人交往，一部分原因是孩子缺乏安全感，对妈妈或者其他照顾者有太强烈的依赖感。这样的情况下，如果妈妈或者其他照顾者不注意用正确的方式教育和影响孩子的话，就很容易造成孩子对陌生人产生畏缩、不信任的心理，影响孩子以后的人际关系。另外一方面原因是家长的教养方式不对，过分担心孩子的安全，怕孩子会吃亏而不让孩子出去和别人玩，这样孩子就会对陌生人产生一种恐惧的心理。当然还有一点原因，是孩子本身性格内向，不愿意与人接触，从而害怕见到生人。

怕生，是这个年龄阶段孩子的一种正常的现象，但是，如果家长任其自然发展，将来就有可能影响孩子的社会化进程。所以，家长一定要注意引导孩子，用正确的方式教养孩子，让孩子对陌生人既要有一定的警惕性，同时又能大方得体地交流。

孩子不懂得与小朋友分享

三岁左右的孩子还不懂得分享，总是护着自己的东西不给别人，即使是爸爸妈妈也不给。孩子不懂分享，不懂得礼尚往来，不懂得拓展良好的人际关系，往往让家长觉得既尴尬又生气，认为孩子小气，同时也担心孩子在以后的待人处世上能力不足。

其实，家长完全不必过于担心，让孩子学会分享东西需要一个过程。三岁的孩子还没有所有权的概念，他的东西是他的，别人的东西只要他喜欢也是他的，但是自己东西却不舍得给别人玩。孩子觉得自己的东西给了别人就是失去了这样东西，这让孩子不能接受，因此孩子拒绝与别人分享。

文博是个幼儿园小班的小朋友，家里就他这一个孩子，爷爷奶奶、爸爸妈妈可疼文博了。要是家里有什么好的东西，都是留给文博，特别是好吃的，大家都不舍得吃，都给文博吃。有时文博也会拿一个给妈妈或者爸爸吃，这个时候爸爸妈妈总是会笑着说："爸爸（妈妈）不吃，文博快点吃吧。"时间一长，文博就谁也不给吃了。

在幼儿园中文博也是这样。有一次上课的时候老师要求大家画彩笔画，可是和文博挨着的小朋友文文没有带彩笔来，这个时候老师就走到文博旁边说："文博，你看文文没有彩笔，没法画画了，文博最乖了，把自己的彩笔借给文文，你们两个一块儿画画好不好？"文博听到后立刻扭头说："不行，我不愿意借给她！"无论老师怎么说，文博就是不借，老师没办法，只好让文文向别的小朋友借了。

妈妈带着文博出去，都会给文博带着一些零食，文博和小伙伴们玩着玩着就会向妈妈要东西吃，那么妈妈带的零食就派上用场了。其他小朋友看到文博在吃零食也都会嘴馋。所以文博的妈妈总是会多带一些，然后分给小朋友吃，每次文博看到自己的东西被分给了别人都会不高兴，伸着手就要抢回来，弄得大家都不开心。妈妈想了很多办法想让文博改掉这个自私的坏习惯，可是文博总是这样。

家长都希望自己的孩子能够听话，看到孩子这样自私，往往会觉得非常尴尬。但是如果想要改变孩子的这种行为，就要先了解孩子不懂得分享的原因是什么，然后对症下药，才能事半功倍。那么孩子为什么不愿意分享呢？其中有什么样的心理原因呢？

首先，孩子的占有欲很强，是孩子的东西就不允许别人碰。其次，孩子在三岁左右总是以自我为中心，只接受而不愿意付出。再次，孩子不懂得"借"的意义，生怕自己的东西一旦借给别人就不再属于自己了。最后，孩子以前借东西给别人的时候，有被弄坏或者没有还回来的不愉快的经验。了解到这些可能引起孩子小气、不懂分享的原因之后，家长要调整自己的教养方式和方法，适当引导孩子，逐步帮助孩子调整，让孩子学会分享。

引导孩子懂得分享的方法指导

孩子不愿意分享，家长不要一味地责怪孩子，因为这和家长的教育方法有直接的关系。因此，想要孩子学会分享，家长要善于引导。

我洗了三个苹果，宝贝你来分吧。

好吧，给哥哥一个。

你看你有两个锯子，让哥哥玩一个好不好？

1.从小给孩子灌输分享的意识

孩子还小的时候，家长就应该培养孩子的分享意识，让孩子慢慢养成一个好习惯，愿意同别人分享。

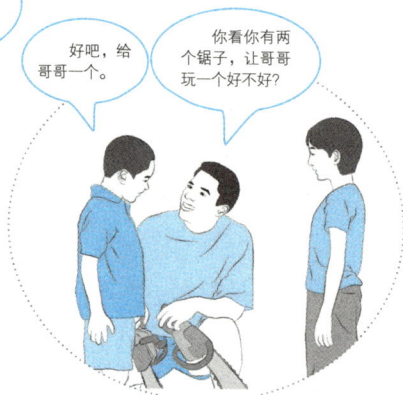

2.在满足孩子的基础上，教育孩子与人分享

孩子的东西如果足够多的话，孩子就不会太小气，因此在买东西的时候，家长可以适当多买一点，然后借此教育孩子学会分享。

你看你抱这么多都抱不过来了，让哥哥替你抱一个好吗？

3.不强制，让孩子自己决定

在教育孩子的时候，要用商量的语气，让孩子心甘情愿分享，而不是强制执行，否则容易使孩子心灵受到伤害，会适得其反。

孩子动不动就和小朋友打架

孩子与孩子之间似乎总是会出现非常多的问题和矛盾，比如物品分配不合理、玩具被人抢走了、头发被人揪了、看到妈妈抱了别的小孩子，等等。而三岁左右的孩子，他们解决问题的方法主要就是两种：一种是身体攻击，一种是退缩回避。所以，就常常会出现孩子们打架的问题。往往两个小孩子玩得正开心呢，不一会儿就开始打架，家长们完全不知道原因。

孩子之间为什么经常发生一些矛盾和冲突呢？这是由孩子的认知水平决定的，三岁左右的孩子，常常以自我为中心，他们只按照自己的意愿做事，很难站到别人的角度思考问题，也不能接受别人的建议和意见，又由于语言表达能力有限，缺乏良好的沟通经验，与同伴们一起玩耍的时候，多半是出于好心却办了坏事，遭到误解也不会辩解。因此，彼此之间很有可能随时发生一些问题和矛盾。但是家长也不用担心孩子会记仇，他们的情绪不会因为刚才的矛盾而受到影响，过不了多久，他们就会像什么都没有发生过一样又玩在一起了。

磊磊现在已经马上就要三岁了，年龄长了，脾气也长了不少，现在磊磊只要出去和小朋友们一块儿玩，总是玩不了多久就会跟人打架，由于磊磊长得壮实一点，每次都把小伙伴们打哭，为此，妈妈没少批评他，可是磊磊就是听不进去，往往妈妈前面刚说了，不一会儿磊磊就又和小朋友们打了起来。

磊磊很喜欢和比他大一个月的凯凯玩，虽然凯凯大一点，但是长得瘦小一点，还没有磊磊长得高呢。每天磊磊都要妈妈带着他去凯凯家玩，凯凯家有很多玩具，还有小汽车，那个小汽车磊磊特别爱玩，总是坐在上面开着跑。可是凯凯也很喜欢他的小汽车，总是不舍得让磊磊玩，磊磊仗着自己的个子高，一把就推开凯凯，把凯凯推到了地上，凯凯马上大声哭起来，站起来伸着手就抓了磊磊的脸，磊磊的脸被抓破出了一点血，两个人都大哭起来。要不是妈妈把他们拉开，两个人还要打呢。

不只是和凯凯打架，磊磊出去玩的时候，还经常和别的小朋友打架，就算是不认识的人，磊磊也乐意一起玩，但是不用几分钟，不是磊磊把别人打哭，就是被大一点的孩子打哭。妈妈真的是一点办法也没有，整天跟在磊磊身后拉架。

如何对待爱打架的孩子

孩子打架本是件正常的事情，但是孩子毕竟在慢慢长大，家长不能对孩子的行为不闻不问，而是应该积极引导孩子，教给孩子解决矛盾的正确方法，防止孩子形成习惯性攻击行为。

> 我不打了。

> 刚才你打了小弟弟，以后小弟弟就不喜欢你了，那你怎么再和他玩呢？

1.正面指导，给孩子讲道理

三岁的孩子已经可以听懂一些道理，家长可以用孩子能听懂的语言给孩子讲道理，化解孩子之间的冲突和矛盾。

> 儿子在，你们就看动画片吧。

2.限制孩子看有暴力情节的节目

孩子的攻击行为有些是通过模仿而获得的，因此家长要注意电视节目对孩子的影响，不要让孩子看带有暴力成分的节目。

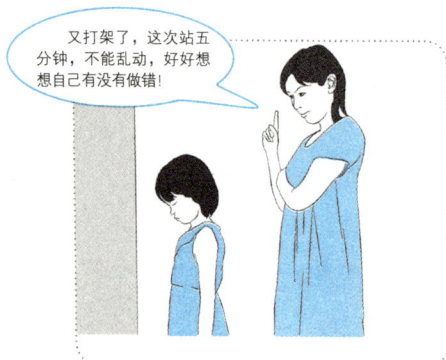

> 又打架了，这次站五分钟，不能乱动，好好想想自己有没有做错！

3.适当惩罚

放任自由和过度惩罚都不是解决孩子打架行为的好方式，正确、有效的方法是适当惩罚，促使孩子改正不良行为。

很多孩子打架的时候，家长会训斥孩子，而有的溺爱孩子的家长会帮着孩子教训对方，无论是哪一种做法，对孩子的成长都是不利的。这个年龄的孩子出现打架的行为十分正常，家长不要因此就给孩子扣上"坏孩子"的帽子，这个阶段的孩子还不能用品质优劣来进行评价。因为孩子的潜意识中没有善良和丑恶的观念，他们所表现出的是一种最本性、最自然的竞争行为。当然，孩子的习惯性攻击行为会严重影响孩子的人格和品德的发展，甚至可能会导致孩子成人后的犯罪行为。因此，家长也不能忽视，而是要用最正确、有效的方法进行制止。

三岁的孩子喜欢与人交往，有了想与其他小伙伴一起活动的愿望。但是当孩子之间出现问题的时候，家长不要武断地判断谁对谁错，也不要以为孩子之间发生冲突就是品行不好。最好的方式当然是让孩子自己解决他们之间的冲突，但是毕竟孩子的经验有限，当孩子向家长求助的时候，要引导孩子正确地处理所面临的问题，帮助孩子认识到解决冲突的办法有很多种，让他们懂得友好相处。

别人的玩具总是比自己的好

美国经济学家凡勃伦注意到了一种奇怪的消费倾向，就是商品的定价越高，越能受到消费者的青睐，人们反而越愿意购买。人们把这种现象称为"凡勃伦效应"。对于孩子来讲，他们也有这样一种心理：玩具越不是自己的，孩子就会越觉得好玩。比如在一个玩具城中，一个玩具放在角落中，根本就没人玩，但是只要有一个小朋友拿起它了，就会有其他小朋友觉得好玩，过去抢。这种情况在生活中十分常见，有的家长已经给孩子买过某一个玩具，但是孩子一直放在家里不玩，都不知道扔到哪里去了，根本就不爱玩，但是，孩子出门在公园看到有个小朋友玩一模一样的玩具，就会觉得很好玩，自己也想要。

这种行为本是无可厚非，因为前面也讲过，这个年龄阶段的孩子自我意识开始萌发，刚刚建立"我"的概念，还不能很好地将自己跟其他事物区分开，也不会站在别人的角度思考问题。孩子会认为，不管是谁手里的玩具都是自己的，自己都是可以玩的。所以，孩子抢玩具的行为就这样发生了。但是，孩子的这种行为，是自私和霸道的，会影响孩子的正常人际交往，如果家长不好好加以引导，可能会让孩子的个性朝着不良方向发展。

　　天天已经两岁零九个月了，在家里，妈妈给他买了很多的玩具，都放在天天的玩具房里，但是天天却并不十分爱玩这些玩具，往往是妈妈刚买回来的时候玩上几天，之后就放起来，很少再玩了。可是只要天天出门看到别的小朋友在玩玩具，无论是什么玩具，天天总是想玩，看到年龄比自己大一点的，天天就跟在人家屁股后面看，如果看到比自己小的小朋友，天天就会去抢，为此经常把别人惹哭。

　　每天吃完晚饭，妈妈都会带着天天下楼玩一会儿，小区里有几个和天天年龄差不多的孩子，天天每次出去看到人家拿着玩具，就直接抢过来自己玩，有些玩具明明自己家里也有，但是天天就是爱抢别人的来玩。有一次，邻居小刚拿着一个玩具卡车在地上装沙子玩，天天看到后觉得很有意思，就跑过去拿起玩具卡车跑到一边自己玩了起来。小刚看到车被抢了，也不甘心，就跟着天天，想要抢回来，两个人一人拿着一边开始争抢，天天看着玩具被小刚拽着，就不高兴了，空出一只手来就去抓小刚的脸，小刚哭了起来，玩具车被天天拿走了。

　　妈妈赶紧过来看看小刚，小刚的脸并没有被抓破，接着妈妈就让天天把玩具车还给小刚，天天把车藏在身后，怎么也不肯交出来。

　　像天天这样的孩子非常多，很多家长觉得孩子太霸道，不知道该怎么教育，其实，孩子抢夺玩具的行为并不是蛮横霸道、不能教育的。假如孩子强行抢夺别人的玩具，家长要马上介入，告诉孩子：那是别人的玩具，想要玩必须等别的小朋友同意了才行。如果这样的劝说孩子还是不听，不愿意和对方商量的话，家长就要强行把玩具还给对方，给孩子树立一种"抢别人的东西是不对的"的观念。

孩子爱抢别人的东西怎么办

1.教孩子分清物权

在日常生活中，家长就有意识地教孩子分清物权，不要轻易拿别人的东西。

> 那是妈妈的手机，你想拿的话，问过妈妈了吗？

> 你想玩豆豆的布娃娃，你可以说：我能玩一下吗，等会儿就还给你。

> 我知道，我这就去问。

2.教孩子礼貌说出自己的要求

对于自己想要的东西，孩子还不能完全说明白，因此，家长可以教给孩子如何礼貌说出自己的要求，杜绝孩子抢夺别人的东西。

> 好吧，你别给我弄坏了。

> 你玩我的枪，我玩玩你的大刀好不好？

3.帮孩子建立交换意识

家长可以指导孩子用自己的玩具去交换别人的，让孩子建立交换的意识，从而让孩子不再抢夺。

如果孩子总是抢夺别人的东西，就会让其他小朋友不愿和他玩，从而影响孩子的人际交往，因此，家长要积极帮助孩子改正抢夺东西的坏习惯，让孩子能够受到大家的欢迎。

第二篇　儿童叛逆期：我是一个准大人

七至八岁，是孩子成长中的第二个叛逆期，称为"儿童叛逆期"。这一时期的孩子会用很大的力量"往外走"，因为在他们心目中"自己已经是一个成人，一个小大人"，有些事情自己可以做主了。这时候的家长不能采取简单粗暴的硬碰硬的方式，要给孩子一定的自由空间，合理引导，逐步改变他们的叛逆行为。

第一章 纠正不良行为，让孩子受益一生

七八岁的孩子突然变得爱睡懒觉

睡懒觉是很多孩子的共同嗜好，尤其是处于七八岁时期的儿童，大多数家长对此都感到十分烦恼。其实，仔细想一下的话，不仅仅是孩子，即使成人也都十分喜爱睡懒觉，只不过是成年人的自制能力强一些，或者强迫自己养成了良好的行为习惯了而已。

很多家长也许还记得孩子在小的时候，总是早早睡觉早早起床，为此很多年轻的妈妈们还不适应每天早早起床呢，但是为什么到了七八岁的时期，孩子又变得爱睡懒觉了呢？

对于孩子来说，爱睡懒觉的主要原因还是平时的睡眠不充分，睡觉睡得晚，所以该起床的时候才会赖床。这个时期的孩子的睡眠时间一般是每天10小时左右。如果不足10小时，孩子就会出现睡眠不足的现象，从而就会比较容易赖床。而造成孩子睡眠不充足的主要原因是很多孩子睡觉晚，在晚上，不是看电视就是打电动，当然也有相当一部分学生是在写家庭作业，以至于他们没有办法早早入睡。而孩子们早晨还要去上学，又要求他们必须要早起床，这就没法保证孩子的睡眠时间，因此，他们才会在起床的时候这样赖皮。

小寒今年刚刚读小学一年级，学习成绩还算不错，但是小寒有一个很大的习惯就是爱睡懒觉，每天为了喊他起床，小寒的妈妈真的是绞尽脑汁。

小寒从小就喜欢看动画片，妈妈也没有注意管教他，在上小学之后，由于一整天都在上学，所以他下午放学后总是迫不及待地打开电视看动画片，一直到妈妈喊他吃饭了，才将视线从电视上移开。吃完饭妈妈就会监督小寒写作业，为了看动画片，小寒倒是每天都能迅速完成作业。只要作业一写完，小寒就会迫不及待地坐到电视前。

这个台演完了就换到另一个台，另一个台演完了就再换台，一直到九点多妈妈严厉制止后才不情愿地去洗漱睡觉。等到小寒躺在床上的时候往往已经到了晚上10点多。有时小寒还耍耍赖，在床上又要这个又要那个的折腾一阵子才肯睡。

睡得这么晚，第二天起床可想而知有多困难，闹铃响了又响也不起作用，妈妈喊他几遍也装作没听到，好多次都是妈妈硬把他从被窝中拉起来。他还生气发脾气，一直闹情绪到出门。小寒的妈妈也想让孩子改掉爱睡懒觉的坏习惯，可是苦于找不到解决的良策。

其实，对于孩子爱睡懒觉的习惯，家长们也不必大惊小怪，这是大多数孩子的通病，只要家长们帮助孩子养成了良好的作息习惯，孩子会很快改掉这个不好的习惯的。

因为小孩子的自制力很差，又没有很强的时间观念，在心理上并没有对时间的重视，所以他们也不会主动安排好自己的作息时间，总是随着自己的兴致来，或者学习家长的作息规律。因此，在帮助孩子养成良好作息习惯的时候，家长首先要从自身做起，因为家长是孩子的最好的榜样，孩子心理还不成熟，很多行为都会选择模仿别人，而家长无疑是孩子最容易模仿的对象。因此，家长要先做到早睡早起，给孩子做一个良好的示范。

另外，除了睡眠不足之外，有的孩子是因为留恋被窝才不愿意起床，尤其是在冬天，这种现象尤为明显，这属于孩子的惰性在作怪，这种行为通过早睡早起是很难解决的，这个时候家长可以对孩子的行为进行一定的惩罚，这对于屡教不改的孩子还是比较管用的。当然这种方法不能经常使用，如果经常使用就会出现两种结果：一是会打击孩子的自尊心；二是会导致孩子变得越来越"皮"。

三招对付睡懒觉的孩子

赶紧睡觉去。早点睡，明天早点起床。

这才八点半呢！

第一招：让孩子早睡，帮助他们改变作息习惯

与其一味责备孩子赖床，不如想办法让孩子早睡，当孩子睡眠相对充足的时候，赖床对他而言也就没什么必要了。

第二招：让孩子受到适当惩罚，让他为自己的懒惰埋单

对于屡教不改的孩子，家长可以适当地让孩子接受惩罚，比如上学迟到。让他为自己的赖床付出代价，是一种有效的方法。

怎么迟到了？

爸爸妈妈都起来了，你也不要当小懒猫哦。

再睡一会儿。

第三招：以身作则，为孩子做出好榜样

受到家长生活习惯的影响也是孩子赖床的一个原因，所以家长首先要以身作则，给孩子做出合格的榜样。

孩子大了却不会收拾整理

　　现在的孩子大多数是独生子女，家庭生活条件也比以前好多了，很多家长和家里的其他长辈都十分宠爱孩子，孩子从小就是过着衣来伸手饭来张口的生活。而且因为害怕孩子受到什么伤害，家长总是什么都不让孩子去做。等到孩子长到七八岁的时候，家长就会忽然发现孩子都这么大了却什么都不会做，想想自己这么大的时候都是自己穿衣服、上学，有的还会自己洗衣服、做饭了，但是现在的孩子呢？饭要让妈妈端到桌子上放好，衣服要让妈妈洗，有的甚至还需要妈妈帮忙穿衣服，上学放学要家长去接送……

　　很多家长觉得现在的孩子太懒了，却没有发觉孩子的懒有很大一部分原因正是家长造成的。在孩子小的时候不注意培养劳动的习惯，也不教给孩子劳动的技巧，孩子大了当然也不会，想起来要教孩子吧，如果孩子做得不好，家长还要重新再做一遍，很多家长就会觉得麻烦，还不如一开始就自己做好，结果孩子就失去了学习的机会。

　　所以，现在的孩子长到七八岁了也不会收拾自己的房间，也不会整理自己的物品，这已经是十分常见的现象了。

　　丹丹已经上小学二年级了，在班里丹丹的学习成绩一直都很好，而且从小就学习舞蹈和各种乐器，所以，在大家的眼中丹丹不仅是一个乖乖女，更是一个小才女。每次出门，大家都会夸奖丹丹。但是丹丹也不是十全十美的，妈妈就经常说丹丹这么大了，家里的家务活什么都不会干，什么事情都要妈妈替她收拾整理好才行。

　　每天晚上，妈妈都要把丹丹第二天要穿的衣服放在丹丹的床头上，第二天丹丹直接穿上就可以了，有的裙子不好穿，丹丹还需要妈妈的帮助才能穿上呢。吃饭的时候丹丹也是直接坐在椅子上，等着妈妈把饭菜都端到她的面前才行。上学的书包丹丹也不会整理，都是妈妈一边问她需要什么，一边帮她整理好，吃完饭

丹丹直接背上书包就跟着爸爸一起出门，爸爸会把丹丹送到学校门口。等丹丹走后，妈妈就开始帮丹丹收拾房间。

可是妈妈觉得丹丹已经八岁了，应该自己学着收拾房间，于是在一天周末的时候，妈妈就对丹丹说让她自己先收拾自己的床，因为丹丹的床上除了被褥之外，还有很多零食和课外读物，还有她喜欢的娃娃。可是丹丹就对妈妈撒娇："妈妈，我不会收拾嘛，妈妈帮我收拾。"平常只要丹丹这样说，妈妈就会让丹丹玩，妈妈替她收拾，但是这次妈妈就是不肯，非让丹丹自己收拾。结果丹丹收拾了半个小时，也没有把床收拾整齐，被子也不会叠，零食都堆放在床头上。没办法，还是妈妈又重新收拾了一遍。

♥♥♥ 让孩子学会整理 ♥♥♥

孩子不会收拾整理也并不是什么大事，但是孩子的这个不好的习惯可能会让孩子失去做事的条理性。因此，家长应该尽量培养孩子学会自己收拾整理自己的东西。

让你好好收拾你不听，现在找不到了吧？

妈妈，我上次买的发夹在哪里？

这样一收拾可真整洁！

1.让孩子意识到收拾整理的必要性

2.家长要做孩子的好榜样

不收拾再次找东西就会比较困难，家长可以不帮忙收拾，让孩子体验一下花费大量时间翻找东西的经历，让孩子知道收拾的必要性。

家长的行为对孩子的影响是巨大的，因此家长首先要改掉乱扔东西、不爱整理的习惯，以身作则，为孩子做出好榜样。

　　每个人生来就有一种惰性，这种惰性主要表现在不愿意劳动上，而收拾整理就需要付出体力劳动，还要不断总结思考付出脑力劳动，孩子在没有直接从收拾整理中得到"实惠"的时候，就会表现出懒惰的样子。这是孩子不愿意收拾整理的一个重要的根本的原因。

　　除此之外，还有一点很重要的原因就是家长平时总是代替孩子去收拾，也不注意教给孩子收拾整理的技巧，这样的娇惯使得孩子认为家长替自己收拾整理是理所应当的，也就不愿意自己动手去做了。等到孩子长大的时候，家长才想起来让孩子去做，这个时候孩子的惰性已经形成，加上孩子没有收拾的习惯，也不会收拾，所以这个时候才让孩子去做就显得十分困难。

　　就孩子的能力来说，在四五岁的时候就可以自己收拾整理自己的东西了，如果这个时候家长肯耐心教给孩子，并且给孩子锻炼的机会，孩子就会慢慢形成自己收拾整理的习惯。而就像例子中的丹丹一样，从小妈妈就不让她整理，平常也没有教孩子该怎样整理，这样即使孩子长大一点了也不会自己收拾。因此，在埋怨孩子不会的同时，家长也要检讨自己的行为，有很多时候，责任是在家长身上，而不是孩子。

孩子拖拉、磨蹭是可以改变的

　　孩子到了七八岁的年龄，很多事情已经可以开始自己做了，但是由于孩子刚刚开始独立完成一些事情，因此还不是很熟练，会出现很多问题，比如拖拉、磨蹭的行为习惯。

　　这个习惯对这个年龄阶段的孩子来说非常常见，究其深层次原因就是因为孩子还没有形成时间观念，因此非常容易形成做事拖拉的毛病。孩子对于多长时间应该做完多少事情没有计划和想法，他们做事大多都是"顺其自然"，自己能什么时候完成就什么时候完成。因此，很多孩子就会显得非常拖拉，而对于这个年

龄段的孩子来说，都已经进入小学，面临很多需要自己独立完成的事情，比如家庭作业。如果孩子不能尽快完成的话，就会拖到很晚，孩子在心理上可能会产生一定的焦虑，不得不熬夜完成作业。这样对孩子的心理和生理都十分不利。因此家长要注意帮助孩子改掉拖拉的毛病。

文文刚刚读小学一年级，平常在家做事就非常磨蹭，家长原以为上小学之后很多事情都比幼儿园要有纪律、有时间限制，可能会让文文改掉磨蹭的习惯。但是已经过去快一年了，小学一年级马上就要结束了，文文还是做什么都不紧不慢的，有时妈妈都着急了，喊她好多次，文文也不会加快速度，还是完全按照自己的节奏去做事情。

知道文文爱磨蹭、拖拉，每天早晨妈妈都会很早就喊文文起床，可是即使是这样，文文也还是经常迟到。夏天穿衣服就是穿个连衣裙，一分钟不到就可以完成的事情，文文有时要五分钟才能穿好衣服从卧室出来，洗脸刷牙也是，一边刷牙一边看看这里，戳戳那里的，好几分钟还刷不完。吃饭要吃半个小时，馒头咬到嘴里就不动了，一直含在嘴里好长时间才咽下去。妈妈还要赶时间出门上班，因此总是催促文文，可是无论妈妈说得多着急，文文也不会加快速度，说几次之后妈妈就没有耐性再说了。

晚上写作业也是一项大工程，文文的好朋友小霞经常写完作业过来找文文玩，每次小霞来的时候，文文都没有写完作业。就算小霞在一边等着文文，文文也不会快一点，还是磨蹭着写。有时写不完就干脆放一边，开始和小霞玩。结果就要等到晚上再继续完成作业。

现在社会生活节奏都非常快，孩子只有改掉磨蹭、拖拉的习惯，才能在将来更好地适应社会。而且，也只有改掉这个不好的习惯，才能节省时间，多做一些有意义的事情。不过，对于七八岁的孩子做事爱磨蹭的毛病，家长也不必过于担心，这是这个年龄的孩子非常常见的行为，上文中也说过这个年龄阶段的孩子还没有形成时间观念，等孩子再大一点，有了时间观念，有些磨蹭的毛病会自己就改掉。但是如果孩子做事太磨蹭，已经影响到了孩子的正常生活，家长就要有意识地帮助孩子改掉这个不好的习惯了。

在帮孩子改掉习惯之前，家长要首先了解孩子做事磨蹭的具体原因是什么，上文说的没有时间观念是一种原因，还有一种原因是孩子先天性格的影响。有的孩子性格内向，做事情有自己的想法，不容易接受别人的建议，对于这样的孩子家长就不能强行改变他们的习惯，否则会引起孩子的叛逆心理。对于这类孩子，家长要做好长期培养和影响的心理准备，不能简单地通过批评教育来改变，当然也不能听之任之。家长首先做好孩子的榜样，然后慢慢给孩子灌输时间观念，一点一点引导孩子改变，一定不要急于求成。

♥♥♥ 孩子爱磨蹭，家长怎么办 ♥♥♥

爱磨蹭是很多孩子在七八岁时会出现的毛病，这会对孩子的生活和学习产生一定的影响，因此，家长应该帮助孩子改掉这个不好的习惯。

1.培养孩子的时间观念

家长可以给孩子讲讲时间的重要性，让孩子明白时间的珍贵，另外让孩子在规定的时间内完成一定的任务，逐渐培养孩子对时间的概念。

2.让孩子接受拖延的惩罚

当孩子承担了坏习惯所带来的后果时，他自然就会主动改掉这种坏习惯，而家长所需要做的就是停止包办，给他一个接受惩罚的机会。

其实改变孩子做事拖拉的习惯，并不是件十分困难的事情。家长不要总是在孩子做事拖拉的时候批评孩子、指责孩子，而是要引导孩子，只要家长的方式稍加改变，就会发现一个不一样的孩子。

孩子痴迷于电视、网络

现在的很多家长都是上班族，每天的大部分时间都在公司单位里，陪孩子的时间也就显得很少，而现在的孩子大都是独生子女，如果再住在高楼林立的城市中的话，那么孩子的交际范围就会变得十分狭窄，没有人陪孩子玩，很多孩子就会被五彩缤纷、丰富多彩的电视节目和各种各样的网络游戏所吸引，时间一长，难免会沉迷其中。

孩子平常看看电视、玩玩电脑并不是什么坏事情，也不会对孩子产生太大的影响，反而会增加孩子的见识，让孩子懂得更多的知识。但是，如果孩子沉迷其中不能自拔，无休止、无选择地看电视、玩电脑的话，就会对孩子产生非常坏的影响，比如对视力的影响、对学习的影响、对睡眠的影响，等等。最为严重的是，在孩子七八岁的时候，孩子的世界观、价值观都还没有形成，电视和网络上的一些不健康、消极的节目和游戏会给孩子带来心灵上的伤害，因此，家长对于孩子沉迷电视、网络的问题，必须要引起重视，引导孩子改正。

小冬今年八岁，上小学三年级了，平常爸爸妈妈都要上班，小冬放学后都是跟着奶奶在家里，可是小冬年龄大了，不愿意跟奶奶玩，很多游戏和玩具奶奶也不会玩，因此小冬总是一个人在家看电视。只要一放学回家，小冬放下书包就打开电视，吃饭的时候也是坐在电视前面看，开始的时候小冬还是看动画片，后来就什么都看，现代的偶像剧也爱看，上学的时候就跟班里的同学讨论电视剧的情节。

有一段时间小冬总是跟妈妈说自己看不清黑板，妈妈带着小冬去检查才发现刚刚上三年级的小冬已经近视了。至此，妈妈才觉得必须要管管这个电视迷了，于是开始控制小冬看电视的时间。小冬自然不乐意了，每天趁妈妈还没有下班的时间赶紧看，听到妈妈上楼的声音就赶紧关上电视，反正奶奶也管不了他。

这样偷偷摸摸了一阵之后，小冬觉得不过瘾，开始偷偷到小区外面的网吧上网看去了，结果到了网吧之后更是了不得，电视剧也不看了，直接开始玩游戏了，比看电视还痴迷。好几次晚上很晚还不回家，妈妈一直以为他到同学家玩了，结果小

正确引导沉迷于电视、网络的孩子

好，现在收回右拳，出左拳。

1.转移孩子的兴趣

很多时候，孩子是因为自己没有真正的兴趣爱好才会迷上电视、网络。家长可以发掘孩子的兴趣爱好，让孩子的心思逐渐转移到其他兴趣上。

好了，现在可以准备关机了，还有半分钟就到时间了。

2.控制孩子看电视、电脑的时间

七八岁的孩子还需要大人的监管，家长可以适当安排孩子看电视、玩电脑的时间，给孩子制定时间表，让孩子严格遵守。

到九点了，现在要关电视、睡觉了，大家都不能看了。

3.家长先管好自己

孩子自控能力差，家长如果总是看，孩子也经不住诱惑，因此，家长要先控制自己看电视、电脑的时间。

做饭比看电视还有意思呢。

4.让孩子"忙"起来

很多孩子是在家长忙的时候，比如做饭、干家务等时间看电视，因为没人陪他玩，家长可以让孩子参与到忙碌中，还可以顺便培养孩子的自理能力。

冬都是在网吧玩游戏。后来其他家长到网吧找孩子看到小冬就跟他妈妈说了，妈妈这才知道小冬天天出去是去网吧了，爸爸气得打了小冬一顿，结果小冬哭着跑出去了。看着这样不听话的孩子，家长真的不知道该怎样才能教育好他。

现在的媒体发展迅速，孩子从小就会接触这些东西，再加上没有太多的娱乐项目，孩子就会选择电视、网络等这些丰富多彩且简单易得的娱乐方式，其实这也是孩子打发时间和缓解上学压力的一种途径。但是孩子一旦沉迷其中就会造成很多不利影响。很多家长看到孩子沉迷了，就一味地采取强制措施，或者对孩子大发雷霆，这只会让孩子更加反感。毕竟孩子也是需要娱乐的，而且七八岁的孩子有着强烈的好奇心，也开始喜欢追赶时髦，所以粗暴地限制并不能让孩子远离电视、电脑。

因此，家长想要让孩子不痴迷电视、电脑，一定要选对方法，这个年龄阶段的孩子已经有了自己的想法，初步了解了一些社会规则，而且正处于一个叛逆期内，家长稍不注意可能就会引起孩子的叛逆心理，导致没法很好地解决问题。因此，一定要采取科学合理的方法，帮助孩子改掉不良习惯，给孩子一个轻松健康的成长环境。

孩子偷钱买玩具要不得

很多孩子，尤其是男孩子，会有偷钱买玩具的经历，一般情况下，孩子没有胆子去偷别人的钱，都是偷拿自己家里的钱，他们也不是想偷东西，只是想买玩具。这个年龄的孩子对玩具的需求是非常大的，只要看见自己没有的玩具就会想要买，或者看到同学、小伙伴们有的玩具，他们就希望自己也有，但是家长不可能无休止地给孩子买玩具，因此经常会拒绝孩子。孩子非常想要玩具，自己又没有能力挣钱，只好偷偷拿家长的钱来买了。

很多家长没有时间陪孩子，就会给孩子买玩具，孩子一回到家里，陪伴他们的就是玩具，慢慢地孩子减少了与外界接触交往的机会，这样他们会越来越孤独，越来越烦闷，自然也就越来越与玩具亲近了，这样孩子就会渴求更新更多更好的玩具。在这种情况中，玩具就是孩子做出这种不良行为的根本诱因。

阳阳的爸爸妈妈都上班，还经常出差，平常都是奶奶在家陪着阳阳，于是妈妈总是会在家里的抽屉里面放上一些钱让奶奶用。奶奶每次也是只管用，并没有查一下具体有多少，用了多少什么的。

有一次阳阳的妈妈回家，阳阳还没放学呢，妈妈就到儿子的房间看了一下，发现阳阳多了很多玩具，都非常新，应该就是这几天才买的，妈妈以为是奶奶给阳阳买的，就问阳阳的奶奶，可是奶奶说自己并没有给阳阳买，妈妈又问了爸爸，爸爸也说没有买。可是这些玩具非常新，一看就是新买的，应该不是别的同学不想玩了送给阳阳的。

等阳阳回家之后，妈妈就拿着新玩具质问他，阳阳开始不承认，不是说玩的别人的，就是说和别人换着玩的，最后在妈妈的一步步逼问下才承认是自己拿了抽屉里面的钱，自己新买的。由于奶奶平常都不查钱，而妈妈以为是奶奶花了，就这样两个人都没有对过账，倒是让阳阳钻了空子。这次爸爸妈妈和奶奶都好好教育了一下阳阳，跟他讲道理，以为阳阳以后就会改正的。可是，阳阳并没有收手，看到玩具就想买，不知不觉就又偷着拿家里的钱了。

以后阳阳又陆陆续续偷了几次钱，爸爸为此揍过他几次，可是阳阳总是改不了，被揍的时候说改了，可是没几天就又偷了。阳阳才刚刚上小学二年级，妈妈真担心以后阳阳会犯下更严重的错误。

很多家长发现孩子偷钱之后们都会像阳阳的爸爸一样揍孩子，其实这样的方式只会让孩子更加叛逆，并不利于孩子改正自己的不良行为习惯。因此，对于爱偷钱买玩具的孩子，千万不要只是责骂孩子，甚至殴打孩子，而是应该因势利导，慢慢疏通，让孩子一点一点改正自己。如果孩子爱买玩具，爱玩玩具，说明孩子的右脑比较发达，有着很强的动手操作能力，家长可以引导孩子向这个方向发展。

　　另外，对七八岁的孩子来说，玩具没有高低贵贱之分，只要孩子觉得有趣，哪怕是捡来的瓶子也会是很好的玩具，因此，家长可以亲自动手教孩子自己做玩具，这样不仅可以培养孩子的动手能力，而且还能让孩子得到自己制作的玩具，这样孩子会玩得更加开心。在制作玩具的过程中，亲子关系得到加强，孩子也从中体会到做玩具的不容易，会更加珍惜玩具。

帮孩子改正偷钱买玩具的不良行为

> 妈妈，太热了，咱回去吧。

> 你以为挣钱容易啊，妈妈就是这样一天一天干活挣钱的。

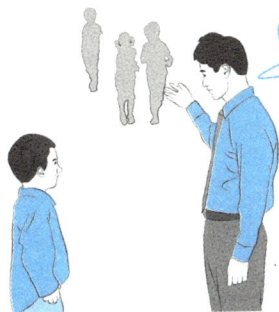

首先，让孩子知道挣钱不容易。

如果家长干的工作十分辛苦的话，可以让孩子体会家长是怎样辛苦工作的，或者告诉孩子挣钱的不容易，让孩子知道钱不能随便乱花。

> 你看他们玩得多好，你也过去看看。

其次，可以让孩子多与小伙伴玩。

与别的孩子玩的时间多了，知道该如何和朋友相处了，孩子独处的时间就会减少，对玩具的依赖程度就会减弱，就不会总想要买玩具了。

> 以后你也可以在这里学跳舞了。

最后，培养孩子广泛的兴趣。

有时买玩具也会是孩子的一种兴趣，只是并不是一种好的兴趣，家长可以培养孩子更多兴趣爱好，丰富孩子的生活，减轻孩子对玩具的需求心理。

孩子总是贪玩、不知道回家

三四岁的孩子出门玩可能还需要家长跟着，但是孩子到了七八岁的时候就已经可以独自出去玩了，于是在很多街道上、公园中或者是小区广场上，会有很多这个年龄段的孩子三五成群地在一起玩耍，常常要到吃饭的时间家长出来找，孩子们才肯回家。因此也会有很多家长会抱怨，自己的孩子每天放学都不知道回家，作业也不做，就知道玩，家里这么忙还要出去找孩子，要不然就不知道回家。甚至有的孩子到离家比较远的地方玩，家长找很久都找不到，这个时候难免会让家长担心，毕竟现在车辆太多，而且七八岁的孩子还没有很强的安全意识，不能很好地保护自己。

一来贪玩是孩子的天性，这个年龄的孩子正是贪玩的时候，对他们来说，玩是人生的第一件大事。他们对于这个世界充满了好奇，对任何事物都感觉非常新鲜、刺激，他们需要探索世界，需要学习，对孩子来说，玩也是一种学习，可以学到很多在课堂上学不到的知识。再有一点就是这个年龄的孩子还没有时间概念，只要觉得好玩就会一直玩，除非觉得累了或者是已经没有新鲜感了，才会放弃一个游戏或者一件事物，只要还有新鲜感，他们就不会结束，甚至可以连饭也不吃，至于时间，就更不知道是什么概念了。因此，他们总是贪玩忘记回家。

小柔今年八岁了，家长给她取名小柔就是希望她长大能够是个温柔的女子，可惜，到现在为止，小柔的个性都非常像个男孩子，很多人都说爸爸妈妈给她取错名字了，用现在的语言来说，小柔可是一个不折不扣的女汉子呢。

而且小柔特别贪玩，每天放学回到家把书包一放就跑出去玩，妈妈明明说了出门玩半个小时就回来，可是小柔从来没有主动回家过，都等妈妈做好饭，出来找她，她才不情愿地被妈妈拽回家，有时她还不甘心，常常看到妈妈出来了就藏到一边，这样让妈妈更生气，回家就要被教训一下。可是，小柔根本听不进去，吃完饭把碗筷一放，就又出门了，好在小柔一直是在家附近玩，不会到很远的地方，妈妈

孩子贪玩怎么办

七八岁正是贪玩的年龄，只要不影响孩子的正常学习家长就不必过于苛求孩子，但是，如果孩子过于贪玩，家长就要分析孩子行为背后的原因，正确引导孩子，给予孩子充分的关心和帮助，帮助孩子摆脱贪玩的心理。

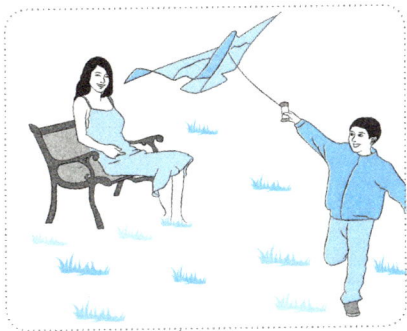

1.不要压抑孩子玩的天性

对于孩子贪玩的天性，家长要辩证地看待，虽然不能放任不管，但是也不能高压控制，否则只会适得其反，引发孩子的叛逆行为。

2.培养孩子的学习兴趣

孩子贪玩与对学习不感兴趣也有关系。因此，家长可以提高孩子的学习兴趣，加以引导和培养，从而改变孩子贪玩的习惯。

如何提高学习兴趣

那是，我可是很聪明的！

这么厉害，老师明天要讲的内容你已经全部都会了！

兰兰姐过来和你一起写作业哦，你要多向兰兰学习，争取自己也考第一名。

首先，让孩子尝到成功的滋味，增强孩子学习的兴趣和信心。

其次，给孩子找一个爱学习的伙伴，利用孩子的效仿性，给孩子一个好榜样，增强孩子学习的动力。

想找她也比较容易。

到了周末，小柔的活动范围就比较大了，妈妈早晨见到她之后，就要到晚上才能再见到小柔，中午都没有时间回家吃饭。有一次，小柔又出去玩，到了晚上黑天了还不见她回来，妈妈就出去找她，找了好几个地方都没找到，吓得妈妈让爸爸也赶紧出来找，最后全家都出动了也没有找到小柔。妈妈把小柔所有同学的家长的电话打了一遍，结果小柔到其他小区的同学家玩了，妈妈去接小柔的时候，小柔还在人家的家里和同学玩过家家呢。这次回来后爸爸妈妈集体给小柔上了一节教育课，还规定一周之内小柔放学必须回家，不准出去玩。可是还没两天，小柔就又偷偷出去玩了。

爱玩本是孩子的天性，而且玩可以让孩子增长见识，并不是一件坏事，但是七八岁的孩子还没有形成自控能力，难免把握不好玩的尺度，如果孩子过于贪玩，而把时间都花费在玩上面，难免会影响孩子的正常学习。因此，家长虽然不能禁止孩子玩耍，但还是要对孩子进行合理地引导，让孩子既能好好玩，又不耽误学习。德国教育家赫尔巴特说过："每个孩子都存在贪玩的心理，家长要让孩子在贪玩中学到知识，不能让它成为孩子生活、学习道路上的绊脚石。"

与家长对着干是典型的叛逆行为

俗话说"七岁八岁讨人嫌"，很多家长都会深有体会，原本乖巧的孩子，长到七八岁的时候就跟变了一个人似的，什么事情都开始与大人对着干，让他往东他偏往西，让他吃饭他偏睡觉。总之，这个年龄阶段的孩子轻而易举地就能让家长暴跳如雷。

实际上，在孩子上小学之后，所接触的外界范围会增大很多，而且从书本上，老师、同学身上或者社会上都会学到很多知识，随着知识的累积，孩子心智

的成熟，以及生活经验的不断增加，孩子会逐渐形成自己的思想和见解。而家长的想法或者要求与孩子的内心有所不同的时候，孩子就会表现出反抗心理，在情绪上排斥家长，故意和家长对着干来彰显自己的能力，开始不断挑战家长的权威，却往往不得要领，只能盲目地用反抗的方式发泄自己的不满。

小凡自从上三年级以后，就跟变了个人一样，整天就是跟家长对着干，妈妈每次都要苦口婆心地教育他，爸爸却没有耐心，被小凡气到之后总是会动手揍他几下，可是小凡是越被打脾气越大，简直成了一头"小倔驴"了。

在以前，小凡虽然不是十分听话的孩子，但是家长说话他还是会听的，现在可好，无论爸妈说什么，他偏要做相反的事情。早晨起床后，妈妈做好饭让小凡吃完饭再去上学，结果小凡说不爱吃，直接背上书包就出门了，妈妈说去送他，小凡说不用，要自己骑自行车去上学。妈妈到他房间一看，床上的东西可真多啊，明明规定了起床要自己叠好被子，这下可好，被子跟被人踩蹒过一样！去年开始小凡就自己叠被子了，怎么最近不但不叠被子，还故意把床上弄乱呢！

有一次妈妈带着小凡去商场买东西，妈妈想给他买学习用品，可是妈妈往购物车放，小凡就往外拿。而妈妈不让买的东西，小凡偏要放进购物车，母子两个在商场吵吵闹闹的，最后不欢而散，小凡独自先回家了。妈妈也没有给他买他喜欢的东西，只有原先被小凡拿出来的文具。小凡一看就把文具往地上一扔，出门玩去了。

很多家长面对孩子的这种对着干的行为，都会跟小凡的爸爸一样对孩子施行棍棒教育，这样并不能解决问题，反而会让孩子更加叛逆，因为这个年龄的孩子敢于选择和家长作对就不会害怕家长的暴力，棍棒教育可能会导致孩子越打越皮，越来越不听话，到最后反而更加不好管，到那个时候家长再想好好教育孩子，就会难上加难。

那么，既然暴力不能解决问题，而好声好气地说孩子又不听的话，该如何教育好孩子呢？其实最好的办法就是家长停下来，听一下孩子的想法，走进孩子的内心，了解孩子到底想要的是什么。孩子和家长对着干，往往是因为在某个阶段，孩子有了自己的想法，而他的这种想法与家长的想法不同，家长却没有问一下孩子的意见，总是对孩子的事情专制独裁，这样就会让孩子产生抵触情绪，无法改变事实的孩子就会选择与家长对着干来表达自己的不满。因此，家长在做一些决定的时候，不妨耐心地询问一下孩子的意见，然后共同商量出双方都可以接受的解决方法，孩子感觉自己被尊重了，慢慢地也就不再跟家长对着干了。

当然，在和孩子交流的时候，家长也要注意一下谈话的技巧。孩子在跟家长故意对着干的时候，孩子的内心也是十分挣扎的，这个时候，家长应该尝试着理

正确引导与家长对着干的孩子

很多时候，孩子产生反抗心理，是因为家长采取的方式不对，或者没有理解孩子的想法。因此，面对孩子的叛逆，家长可以这样做：

回家你可以先写作业吗？然后我们可以一起出去打羽毛球。你觉得怎么样？

我觉得棒极了！

没关系，我相信再过五次，你就可以叠得很好了。

谢谢妈妈，我也这么觉得。

首先，不要命令孩子，而是商量
家长直接命令孩子，会让孩子感觉不被尊重，继而反抗，因此，家长要反省一下自己，不要太专横，要多和孩子商量，尊重孩子的想法。

其次，要信任孩子，多肯定孩子
很多家长不信任孩子，导致孩子破罐破摔，其实充分的信任能够帮助孩子认识错误，继而改正。

孩子犯错并不可怕，可怕的是家长处理问题不当所引发的后果。每个孩子都是纯洁的化身，家长要采取正确的方式和孩子交流，让孩子健康、快乐地成长。

解孩子内心的困扰，用迂回的方式指引孩子，这样有助于孩子逐渐放松警惕，心平气和地接受家长的建议。这样的方法比直截了当的方式更容易让人接受，孩子也是一样。

孩子为何知错不认错

七八岁的孩子，他们的生理机能和心理都还没有发育成熟，因此常常会说错话或者做错事情，有时也会因为贪玩而弄坏一些东西，或者玩得太忘我，结果忘记了妈妈的嘱托或者把家里弄得一团糟，这些都是经常会发生的事情，家长也见怪不怪了。可是，一次、两次、甚至三次家长可能都可以接受，只会在口头上说一下孩子，但是次数多了，家长难免会生气，就会质问孩子，尤其在孩子弄坏家里的东西或者做了一些严重的错事的时候，这个时候，家长就会发现，小小的孩子竟然学会"撒谎"了，坚决不承认自己的错误，明明在"案发现场"，孩子也会"睁眼说瞎话"。原本家长可能只是想告诫一下孩子，可是看到孩子撒谎反而更加生气，因为爱玩爱闯祸是这个年龄阶段的孩子经常出现的问题，但是撒谎却会被家长认为是十分严重的关于品性的问题。

其实对于这个年龄的孩子，很多时候还不能很好地分清楚什么事情是对的，什么是错的，对于自己所做的事情也是一样。所以当家长觉得孩子做错了的时候，往往会强迫孩子承认错误，还会让孩子保证以后会改正，但是，孩子却不明白为什么自己做错了，或者这样做到底有什么不对。所以，让孩子认错就会变得十分困难。

另外，在孩子做错事情的时候，家长可能曾经惩罚过孩子，那么孩子因为害怕受到惩罚，就不敢承认自己的错误。很多家长在教育孩子的时候总是会采取简单、粗暴的方式，在孩子犯错误之后，往往不是呵斥就是打骂，孩子会受到惊吓，感到无所适从。为了避免再次受到这样的惩罚，孩子再次犯错误之后，只好死不承认。有的家长会先说不惩罚孩子，可是当孩子承认错误之后，还是会批评孩子，其实对孩子来说，批评也是惩罚。因此，想让孩子认错就更加困难了。

安安非常爱动，在家里也总是闲不住，不是玩玩这个就是动动那个，为此不知道弄坏过多少玩具和家里的物品，妈妈也总是会批评他。

由于安安非常喜欢看小金鱼，妈妈就买了一个小鱼缸，养了几条金鱼，害怕安安会伸手去抓小金鱼，妈妈就把鱼缸放到窗台上了。有一天妈妈到楼下去扔垃圾，正好碰到了邻居张阿姨，妈妈就跟张阿姨在楼下聊天了。安安自己在家看电视，动画片插广告的时候，安安觉得无聊就开始在房间瞎逛，看到金鱼之后就搬来自己的小凳子贴着鱼缸看。由于非常喜欢金鱼，安安就忍不住想要抓一条，于是就伸手到鱼缸开始抓鱼。可是鱼多机灵啊，安安怎么抓也抓不到，急得安安不免手忙脚乱，手上一用力气，不小心把鱼缸弄歪了，接着鱼缸就掉到地上摔烂了，金鱼也都掉到地上了。

安安知道自己闯祸了，就赶紧从小凳子上下来，想要抓住地上的鱼。还没抓好呢，就听到妈妈开门的声音，吓得安安赶紧跑到沙发上坐着，装作看电视。妈妈回来看到后就问安安怎么把鱼缸弄坏了，安安坚决不承认，说自己一直在看电视，还说是大风把鱼缸吹下来的。不管妈妈怎么威逼利诱，安安就是不肯承认是自己打翻的。

类似这样的例子，相信很多家庭都有遇到过，其实家长很清楚就是孩子做的，但是想要让孩子主动承认错误，结果孩子往往"打死也不说"，颇有一番"傲骨"，就算家长说了不会怪他们，他们也不肯承认。当然，这与孩子的个性也是有关系的，有的孩子生性比较执拗、任性，做错事也不愿承认，怕丢了自己的面子。

对于七八岁的孩子来说，想让他们主动承认错误十分困难。如果错误的确是孩子不小心造成的，家长应该耐心地对孩子进行影响，进行启发教育，给孩子承

认错误的勇气。当然，如果孩子主动承认了，家长就不要抓住孩子的错误不放，而是要保护孩子的自尊心，不要再继续惩罚孩子。

❤❤❤ 孩子不认错怎么引导 ❤❤❤

七八岁的孩子犯错误是件十分正常的事情，只要不是原则性的错误，家长大可不必过于较真，否则孩子就会失去承认错误的勇气。

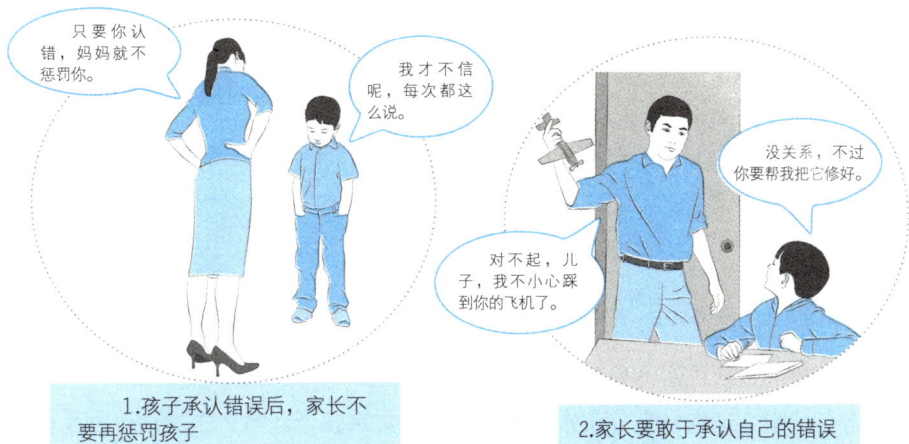

只要你认错，妈妈就不惩罚你。

我才不信呢，每次都这么说。

没关系，不过你要帮我把它修好。

对不起，儿子，我不小心踩到你的飞机了。

1.孩子承认错误后，家长不要再惩罚孩子

如果孩子已经主动承认自己的错误了，说明孩子已经认识到了错误，并希望得到原谅，这个时候，家长就不要再惩罚孩子了。

2.家长要敢于承认自己的错误

很多家长犯错后碍于面子不会在孩子面前承认错误，也不会对孩子说"对不起"，这都会给孩子一个不良的示范，想要孩子敢于承认错误，家长首先要做好这一点。

唉，我女儿总是说谎，完全就是个小骗子啊。

3.避免给孩子贴上"说谎"的标签

孩子的情感态度最为直接，往往贴上什么标签，他就会变成与标签一样的人。因此，孩子偶尔撒谎时，家长不要认定孩子永远撒谎。

第二章 塑造叛逆期孩子的优良个性

孩子爱生气、爱发脾气怎么办

在生活中，很多七八岁的孩子已经会发脾气，而且会经常生气，像个有小性子的小大人了。其实生气是每个人都会有的情绪，孩子生气，是在表明自己不快乐的内心情绪，这本是十分正常的事情，但是如果孩子经常生气的话，家长就要注意了，这说明孩子的内心是不快乐的，如果家长这个时候不对孩子进行关怀，反而认为孩子是任性而不予以理睬的话，孩子就会经常哭闹、发脾气了，更甚者，孩子会将这种不愉快的心情发展为愤恨、嫉妒等不良情绪。

因此，在孩子噘起小嘴，或者不愿意理睬人的时候，家长就要知道孩子的潜在语言是想告诉大家他生气了，家长应该注意到孩子的情绪变化，关注孩子的需求，帮助孩子解决问题，改变这种不愉快的情绪，从而避免孩子发脾气。

小真是个十分可爱的小女孩，今年刚刚上小学一年级，学习也非常认真，但是就是有一个小毛病：特别爱生气，稍有不顺心就发脾气。

小真经常去楼下的一个很小的小区广场玩，那里有很多小朋友都在玩，有的比小真大，也有几个比小真要小。可是无论是比她大的还是比她小的，小真在玩的时候从来不知道礼让别人，稍有不顺心就开始生气，弄得大家都不愿意跟她玩。

有一次小真和燕燕在玩踢毽子，另一个小男孩强子也想玩，毽子是燕燕的，燕燕就同意让强子一块儿玩了，这就让小真生气了。感觉强子抢了燕燕做好朋友，小真有点嫉妒，就生气了，一甩头就不玩了。然后跑到沙堆那里去和别的小朋友玩沙子去了。小真在沙子上倒点水，就有模有样地开始盖"大楼"了，把沙子堆得高高的。有几个小朋友在你追我赶地跑着玩，一个不小心，就把小真的"大楼"撞塌了。小真立马站起来开始对着不小心撞到她"大楼"的小朋友发起脾气来，对着人家不依不饶的，还抓起沙子往人家身上扔。

小真在家里对自己的爸爸妈妈、爷爷奶奶也是这样，大家什么都顺着她还行，要不小真就开始生气、发脾气，常常弄得家里人莫名其妙，不知道怎么又惹到这位大小姐了。

孩子长到七八岁的时候，好像变得特别"敏感"，常常会生气，要不就是发发脾气。其实，孩子爱生气、发脾气也是这个年龄段的一种十分正常的表现，这说明孩子独立性和自我意识的增强。每个人都会发脾气，这是因为人的感情需要宣泄，孩子当然也是一样。因此，面对孩子发脾气，家长要理智对待，不要强行制止孩子发脾气，如果孩子有了情绪而不发泄出来，长期憋在心里的话，会让孩子感到压抑，长期下去，孩子的心理可能就会出现问题。因此，当孩子发脾气的时候，家长首先应该安抚孩子的情绪，倾听孩子的感受，帮助孩子找到生气和发脾气的原因，给孩子一个合理的解释。一定要避免以暴制暴，用批评、打骂孩子的方式来对待孩子。

但是，如果孩子动不动就发脾气，大事小事都发的话，就有点不正常了，就需要引起家长的注意。如果是孩子性格比较暴躁的话，孩子就会格外爱生气、爱发脾气，这对孩子的成长不利，因此，对于这种性格的孩子，家长要尽量减少孩子发脾气的诱因，同时，还要教育孩子学会控制自己的情绪，学会理智做人。当然，爱生气和爱发脾气都是很容易受到环境的影响的，因此，在平常的生活中，家长在家中面对孩子时要尽量克制自己的情绪，尽量不要当着孩子的面发脾气，以免给孩子造成不良示范。

孩子爱发脾气怎么办

　　孩子总是生气，继而发脾气，这些情绪和行为都是由各种具体的事情和原因引起的。那么，家长面对孩子爱生气的个性和爱发脾气的行为该如何做呢？

1.为孩子提供良好的家庭环境

　　家长性格暴躁、爱发脾气的话，孩子也容易形成同样的性格，因此，想要孩子少生气、少发脾气，家长就要营造一种良好的家庭环境，潜移默化地影响孩子。

2.教孩子如何表达自己的情绪

　　情绪的表达有很多种，在孩子不知道如何更好地表达的时候，家长可以教给孩子用正确的方式来发泄。

　　当然，孩子自身的控制力和情绪控制力比较弱，遇到不开心的事情的时候难免会生气、发脾气。所以，家长还是要教孩子学会管理好自己的情绪，这才是避免孩子经常发脾气的根本途径。

胡搅蛮缠的孩子让家长伤透脑筋

　　用"胡搅蛮缠"四个字来形容七八岁的孩子似乎特别的合适，因为这个年龄的孩子确实让家长十分头疼，和他们讲道理吧，根本就讲不通，他们有自己的一大堆歪理不说，还爱无理争三分。

　　当然，什么事情都必定会有原因，不会无缘无故就发生。那么孩子为什么会

这样难缠，总是与大人纠缠不清呢？孩子在做一件事情的时候其实是非常认真的，但是孩子的认知和思维能力毕竟有限，不会像大人一样思虑周全，因此有时候孩子觉得是在认真做事情，但是在大人看来可能就会觉得孩子在故意捣乱，在胡搅蛮缠。还有的孩子确实是在故意纠缠家长，其实这是源于孩子对自己家长的一种依赖性。观察一下孩子胡搅蛮缠的行为对象就不难看出，孩子的对象大多数是自己的家长，其他亲近的人，孩子很少会纠缠他们。其实这么大的孩子已经非常清楚，即使自己这样胡搅蛮缠，为难家长，家长也不会真的把自己怎么样，因此孩子总是抱着这样的想法，而且通过胡搅蛮缠，孩子往往可以达到自己最初的目的。因此，孩子会将这种行为当作达成自己目的的一种手段，也可以说，孩子之所以会故意有这种行为，大多数是因为孩子有一定的目的想要达到。当然只是大多数，而不是一定是有什么目的，因为引起孩子胡搅蛮缠的行为的也可能是因为孩子和家长之间的误解等原因。

双双是个十分聪明的孩子，学什么都是一学就会，因此亲戚朋友们总是夸奖双双。在双双上小学之后，成绩也一直不错，为此，家长总是十分疼爱这个宝贝女儿。

但是双双也有让家长十分头疼的时候，就是双双有时候十分不讲道理，在有些事情上总是和家长纠缠不清。

双双自己已经认识很多字了，而且拼音也早就学会了，故事书上的字都是带着拼音的，妈妈希望双双可以自己读书。但是晚上睡觉之前，双双总是让妈妈给她读，有时候妈妈自己发挥会讲的和书上不一样，双双就不高兴："昨天你不是这样读的，你怎么连书都不会读啊？"妈妈说讲故事怎么可能每次都是一模一样的呢，可能会添加一些自己想的内容，但是双双就开始不依不饶，有时就算妈妈说完全按照书上的再给她读一遍，双双还是不开心。

还有就是双双非常喜欢画画，家里有很多妈妈给她买的彩笔和绘画本，甚至还有素描本和各种笔。但是每次逛商场的时候，双双只要看到关于画画的材料，就会让妈妈买，有一些双双已经有了，或者是双双的年龄和绘画程度还根本用不到的，妈妈就说不买，还会告诉双双为什么不买，但是双双就会赖在那里不肯走，无论妈妈怎么劝，怎么说，双双就是不走，还抱着妈妈不松手，非得磨到妈妈答应买了才行。妈妈觉得商场这么多人，也不好一直由着孩子闹，只好答应买了。

妈妈觉得双双实在是太胡搅蛮缠了，总是自己想什么就是什么，一不顺心就开始使性子，不是哭就是闹，跟她讲道理，她的小嘴更厉害，总是有自己的理由，妈妈经常觉得自己实在是应付不了这个小家伙了。

孩子胡搅蛮缠，家长该怎么做

> 来的时候我们怎么说的？这次不买玩具，只买学习用品！放回去！

> 好吧。

1.先立规矩
面对孩子的胡搅蛮缠，无论什么原因都不要随意迁就孩子，可以在事先就给孩子立下规矩，然后严格执行。

> 妈妈，给我买这个，我要这个！快点！

> 好好，给你买，但是现在天气太冷，还不能穿哦。

2.不娇惯孩子
孩子的胡搅蛮缠往往是家长娇惯出来的，如果以前孩子要什么给什么，时间长了孩子一旦达不到自己的目的就会变得胡搅蛮缠。

虽然孩子胡搅蛮缠让家长生气，但是由于这个年龄阶段的孩子本就十分淘气，所以有时孩子可能只是性格使然，并不是胡搅蛮缠，所以面对孩子的行为，家长要分辨清楚，不要把孩子的淘气当作胡搅蛮缠。

七八岁的孩子胡搅蛮缠大多数是跟例子中的双双一样，为了满足自己的不合理要求，而家长有时会出于各种考虑，比如像双双的妈妈感觉人多不好意思，就会答应孩子的要求。这无疑是在迁就和纵容孩子，这样孩子就会知道用这个手段可以达到自己的目的，因此，以后就会常常这样胡搅蛮缠，更加肆无忌惮。

因此，对于家长来说，面对孩子的胡搅蛮缠，一定要采取一些方式方法，改正孩子的这种不良习惯。当然，要事先了解孩子行为背后的原因，找准原因再对症下药，让孩子以后更加理智，不再这样纠缠不清。

孩子爱搞破坏、恶作剧

七八岁的孩子已经进入第二个叛逆期，这个时期的孩子总是让家长感到头疼，他们似乎有使不完的精力去制造各种"混乱"，让家长应接不暇。如果批评他们，他们反而变本加厉，可是如果放任不管，又害怕孩子因此而形成更加一发不可收拾的不好的行为习惯，真是让家长左右为难。

这个年龄阶段的孩子破坏能力极强，看到什么都想用手去碰一下、研究一下，结果不是弄坏就是摔烂了。对于东西有这般破坏力也就可以了，可是孩子的兴趣似乎不只是东西而已，对于各种事情和人，他们也是十分有兴趣。因此，各种恶作剧也会随之而来。其实，按道理来说，这个年龄的孩子已经可以懂一些是非曲直了，有些事情不能做他们内心是清楚的，但是，这个年龄的孩子内心的活跃和冲动占据了上风，除了想引起人们对自己的关注之外，他们还渴望展现自己、娱乐别人，这样的想法压倒了刚刚形成的理智的一面，因此，使得孩子不断制造麻烦，让家长哭不得、笑不得，一点办法也没有。

小志今年八岁了，家长原本盼着孩子长大一点，自己就可以省点心。但是事实刚好相反，虽然小志现在很多事情都可以自己完成了，但是家长却觉得更累了，因为小志整天在家搞破坏，还经常跟别人恶作剧，弄得家长十分头疼。

前两天，邻居张阿姨跑来跟小志的妈妈告状，说是小志竟然带着几个小伙伴拿着彩笔在张阿姨家的白色小轿车上作画！硬生生地把白色的车涂画成了彩色，张阿姨说了他们几句，就自己拿着抹布一点一点擦掉了，可是没想到孩子们却越来越上瘾，这几天天天在车上作画。张阿姨家没有车库，只能停在外面，结果每天出门前都要擦车，有些彩笔的颜料还不好擦，张阿姨只好请小志的妈妈来管一下了，大家都知道小志是这一片的孩子王，小孩子们都听小志的话。

这件事情还没有解决好呢，老师又打电话说小志在学校里总是跟同学们恶作剧，今天把同桌的橡皮切成个小兔子的形状，明天又把后面的小敏的雨伞藏起来，害得小敏没有伞淋着雨回家，有时还在门上放一杯水，等谁开门进来就淋谁一身。老师说他几句，他就跟没听见一样，下次照样整别的同学。现在班里很多人都不愿意和小志玩了，只有几个调皮的跟着小志一起整盅别人。这给班里带来了很不好的影响。妈妈听到这些，直接找来小志就是一顿揍，可是刚揍完，小志就拿着自己造的弹弓出去玩了，跟没事人一样。

很多家长面对孩子的这种破坏能力，都会和例子中小志的妈妈一样采用打骂的方式，希望让孩子得到惩戒，但是，事实往往相反，有的孩子越打越皮，有的孩子是"好了伤疤，忘了疼"，过不了几天，孩子就会故技重施，仍旧我行我素。

其实，孩子在这个年龄阶段做出这样的行为是十分正常的，孩子在七八岁的时候好奇心特别重，什么事情都想一探究竟。恶作剧从心理学的角度来看，是孩子的一种"表现欲"的体现。孩子希望通过自己的恶作剧，引起其他人的注意，从而获得一种"成就感"。爱动、爱恶作剧，是这个阶段的孩子的一个共性，尤其是对于调皮的男孩子来说。对此，家长也不必过于紧张，总是对孩子的行为进行打压，换个角度想一下，孩子这样的行为正说明孩子的脑子好用，十分聪明，如果这份聪明用在对的事情上，对孩子是十分有利的。当然，如果孩子过于热衷恶作剧或者破坏活动，这就需要家长耐心地和孩子谈一下，告诉孩子这样做的危害性，让孩子把精力用在更有意义的事情上。

❤❤ 孩子爱破坏，妈妈怎么做 ❤❤

对于孩子的破坏行为，很多都会家长打骂孩子，却让孩子更加叛逆，那么，家长要怎样面对这样的孩子呢？

> 这次你在草地上玩可以在妈妈这里领一元钱哦。

> 怎么一次比一次少啊，不玩了。

1.有效利用奖励递减法则

对于孩子的破坏行为，可以选择时机"奖励"他，然后逐渐减少这种"奖励"，让他心理失衡，这样往往会取得意想不到的结果。

> 你这样就把房间弄乱了啊，妈妈还要收拾，不过，你有什么发现吗？可以和妈妈说说哦。

2.采取先贬后褒的方式

孩子喜欢破坏，是因为孩子喜欢探索，这是孩子可贵的天性，家长可以先教育孩子不能破坏东西，但表扬孩子的探索精神，继而合理引导孩子。

> 这么厉害，可以教给妈妈吗？

3.释放孩子的表现欲

孩子爱破坏、爱恶作剧，是孩子的一种"表现欲"，想要引起他人的注意，因此，家长可以尽量多给孩子机会表现自己，让孩子得到心理满足。

对于孩子的破坏行为，父母应该辩证地来看，虽然会给我们大人带来很多麻烦，但这也体现了孩子的发现能力和创造力，只要父母合理引导和规范，就可以既让孩子收敛又不破坏他们的这一天赋。

拆装东西成了孩子的乐趣

似乎孩子到了这个年龄的时候，都喜欢拆拆解解，因此，家里的很多东西都会遭殃，家长为此不得不经常买新物品，但是新买的也过不了多久就会遭受同样的命运，因此，家长难免就会开始训斥孩子。

那么，孩子为什么如此热衷于拆卸物品呢？其实，这正是孩子的天性使然。孩子们对于每一件东西都十分好奇，因此喜欢探索，对未知的世界充满了想要了解的渴望。只是有的孩子这种渴望表现得十分明显，而有一些孩子就表现得不怎么明显。表现明显的孩子就开始自己动手拆装组合，想弄明白一些自己感到好奇的事情，比如为什么灯会亮，为什么不倒翁不会倒下，为什么手枪可以发光发亮，为什么闹钟会到点就响……

当然，孩子的考虑不会很全面，他们不会考虑拆完之后会面临着什么，更不会想到如果装不回去会怎么样，只是在强烈的好奇心的驱使下进行着自己的探索。在探索中，孩子可能会找到答案，也可能找不到，但是，对于这种拆解，孩子们总是乐此不疲。

明明玩具箱里的玩具几乎没有几件是完整的了，虽然有的玩具看上去十分完整，但是跟刚买来的时候也已经不一样了，就像那个陀螺，已经没有了下面的钢珠，还有那个会唱歌会动的小泰迪狗，已经只能唱而不会动了。这已经是好的了，至少表面看上去跟买来的时候差不多，还有一些完全就是面目全非，比如那个奥特曼，已经缺胳膊少腿的了。

这些都是明明自己造成的，每次买来新玩具，往往不用两天，明明就会找来螺丝刀开始自己的探秘之旅。对于拆卸玩具，明明可是十分在行的，一般的玩具，不用几分钟就会拆卸完成，零件都会一件一件摆出来的。别看明明才刚刚七岁，什么二极管、电路板、电极正负、小喇叭这些东西他都懂，看来这些玩具也不是白拆的，明明可是从中学到不少东西呢。

可是还是有很多时候，明明即使有爸爸的帮忙，还是不能将东西重新组装回去，这样一件玩具就报废了，为此妈妈没少说明明。可是，看到新鲜的东西，如果不拆开看看，明明就手痒痒。但是对于家里用的东西，妈妈明确规定明明不能拆，明明只能对自己的玩具下手。

有些家长看到孩子把东西弄坏了就会教训孩子，其实，孩子的这种行为对孩子还是十分有利的，在拆装的过程中，孩子可能就能解答自己的疑问，从而了解一

❤❤❤ 爱拆东西是孩子的天性 ❤❤❤

有的孩子从小就有很强的探索欲望，喜欢拆解各种各样的小东西。对于这样的孩子，家长该如何做呢？

现在弄明白车为什么会跑了吗？

还没有呢，我再看看。

这个不能拆！这个有电的！

首先，满足孩子的拆装欲望

喜欢拆装的孩子一般探索和思考能力比较强，家长应该保护孩子的这种天性，在合理的范围内允许孩子拆装，引导孩子思考。

其次，保证孩子的安全

孩子还不能分辨哪些是危险物品，哪些不是，因此，家长要提醒孩子注意安全，带电的物品或者比较大型的电器最好不要让孩子拆解。

家长既要满足孩子的拆解欲望，让孩子在拆解过程中学会更多知识，同时更要保证孩子的安全，做到这两方面兼顾，孩子才能快乐成长。

个知识，并在自己操作的过程中，锻炼自己的动手能力和思维能力，开发自己的内在潜能，这对孩子以后的成长和能力的培养都是十分有利的。因此，家长应该积极引导孩子的动手能力，而不是看到东西坏了就对孩子非打即骂，这不仅会扼杀孩子的探索天性，还会伤害到孩子的自尊心，这样的教育也不可能会培养出一个杰出的人才。

当然，孩子的行为背后一定是有原因的，有的孩子确实是因为好奇才拆东西，但是也不排除有的孩子就天性好动，喜欢恶作剧，还有的孩子对于家长的一些做法感到生气，又不敢直接叫板家长，只好对物品下手，发泄自己的怒气。这些都有可能成为孩子拆东西的原因。因此面对孩子的某种行为，家长要寻找其背后的真正原因，然后根据不同原因，找出不同的对策，从而正确合理地引导孩子的行为。

孩子过分自私自利要不得

自私似乎是很多孩子身上都存在的问题，虽然孩子已经到了七八岁的年龄，但是这个年龄的孩子往往会单纯地认为"我即世界"，无论做什么事情都是以自己为中心，对自己过分关心，而不会顾及其他人的感受。自己的东西绝不与别人分享，而对于别人的东西却很喜欢占为己有。

对于这样的孩子，家长也很无奈，明知道自私并不是好的事情，想要好好教育孩子，可是教育得太重，孩子就会大哭不止，到最后还要去哄孩子；教育得太轻的话，孩子就会当作听不到，起不到什么作用。因此，常常让家长不知道到底该如何教育孩子。

小梅就是家里的小霸王，爸爸妈妈都在上班，平日里很少对小梅进行管教，而爷爷奶奶只要小梅高兴就好，什么都迁就小梅。从小，爷爷奶奶就听不得小梅

哭，只要她一哭就心疼，因此小梅想要什么，爷爷奶奶就立马给她；想要买什么，爷爷奶奶就给她买什么；有什么好吃的也只让小梅一个人吃。这样，小梅就形成了十分自私的性格。

有一次周末妈妈做了好多好吃的，大家都围着桌子准备开始吃饭，小梅拿着筷子在菜盘里翻翻找找，每一盘菜都要翻一下，看到肉就放到自己的碗里，妈妈看到后就说："小梅，怎么能把肉都给自己吃呢？爷爷奶奶还有爸爸妈妈也都喜欢吃肉啊。"小梅就当没听见一样继续把肉夹到自己面前，妈妈用自己的筷子夹住小梅的筷子不让她继续夹肉了，这下小梅不高兴了，看着奶奶说："奶奶，我要吃肉，妈妈不让我吃！"说着就哭了起来。奶奶赶紧夹肉给小梅，还说："让你吃，我们都不吃，都给你吃，不要哭了啊。"

除了吃的，自己的玩具也是一样，小梅特别喜欢芭比娃娃，家里有很多套芭比娃娃，别的小朋友来了之后，小梅就带着大家参观她的芭比娃娃，但是却不肯让别人玩，有时自己拿着娃娃在玩，却让别的小朋友只是站在一边看着。只要有人碰一下，小梅就会大叫："不要动，给我弄坏了怎么办？"结果别人看一会儿觉得没意思就走了，因此别的小朋友很少来找小梅玩，而小梅也只好自己跟芭比娃娃玩了。

妈妈说过很多次，让小梅和别人一块儿玩，小梅都是不高兴地说："我的娃娃为什么要给他们玩？"真不知道这样自私的小梅以后该怎么交朋友。

谁都不喜欢和自私的孩子一起玩，孩子总是拿别人的东西却不肯分享自己的东西，有哪个小朋友会跟这样的人一起玩呢？因此，太自私的孩子往往人缘很差，很难交到知心的朋友。所以，家长不可对孩子的这种自私行为过于放纵，而应在发现这个苗头的时候，就采取积极的措施，用正确的方式方法教育和引导孩子。对于七八岁的孩子来说，可教育性很强，只要家长认真对待，方法得当，就可以很好地教育好孩子。

那么是什么造成孩子的自私心理的呢？一个原因是孩子天生的利己倾向。七八岁的孩子，心理发育还没有成熟，他们往往会认为"我即世界"，这是孩子这个年龄阶段心理发育的正常表现。另一个原因就是家长的溺爱。家长从小就对孩子无限迁就万般宠爱，使得孩子的自我意识观念增强，感觉任何事情任何人都要以他为中心。如果达不到，孩子就会大哭大闹，很多家长看到孩子哭闹，不管孩子的要求是否合理，都会无条件答应孩子。时间长了，孩子就会形成以自我为中心的个性倾向。

家长要了解自己的孩子自私心理产生的原因，如果是第一种，随着孩子年龄的增长会逐渐得到改善。但是如果是第二种，家长就应该改变教育方法，注意自己疼爱孩子的方式，积极引导孩子，让孩子逐渐得到改善。

正确教育孩子的自私行为

大多数家庭都只有一个孩子，家长的溺爱让孩子想要什么就有什么，不会关心考虑他人，只顾自己，因此，想要改善孩子的自私行为，家长首先要改变自己的教育方法。

这是我的，我自己吃。

这里还有别人，为什么你自己吃呢？我们都要吃。

这不是你的东西，怎么可以把别人赶下来呢！

妈妈你把她们赶下来，我要玩那个！

1.不给孩子"特殊"待遇

家长要把疼爱和严格要求结合起来，让孩子知道自己和别人都一样，没有任何不同，无论什么时候都不要给孩子特殊的待遇。

2.拒绝不合理要求

人的欲望是滋生自私的根由，因此，面对孩子的不合理要求，家长要果断拒绝，就算孩子哭闹也绝不迁就。

当然，在平常生活中，家长也要根据具体的情况，教会孩子学会分享，逐渐帮助孩子改掉自私、小气的毛病。

孩子不懂礼貌家长要教导

中国是礼仪之邦，因此礼貌对于每一个人都是十分重要的，没有礼貌的人大家都不喜欢和他做朋友。无论是在日常生活的人际交往中，还是在尔虞我诈的商场中，礼貌都是必不可少的。但是，很多家长都反映自己的孩子都已经上小学了，可还是不懂礼貌，有时家长会教育他们几句，但是有的家长本身忙碌没有时间教孩子，结果孩子就整天一副大大咧咧的样子，更有甚者，还会满口脏话，或者是动不动就打架，着实让家长着急。

当然，孩子毕竟和大人不同，孩子的年龄还小，因此很多孩子并非是故意不懂礼貌，也不是孩子不尊重别人。而是孩子不知道该怎样讲礼貌，该怎么才算是尊重别人。

小轩的妈妈每天都上班，很少有时间带小轩出门，就算出去玩也只是周末一家人去游乐场或者商场，所以见到的都是陌生人，也很少会逗留，都是转一转看一看，因此，对于小轩在公共场所还大声喧哗或者是见到好玩的东西就拿的行为，爸爸妈妈也多认为是孩子一时开心，也没有放心里。

在家里小轩虽然也是常常没有礼貌，但是妈妈觉得是在自己家里也就没当一回事，反正这么大的孩子大多没有礼貌，妈妈以为长大了自然就好了。可是，有一次，妈妈的好朋友李阿姨生了宝宝，妈妈带着小轩去李阿姨家探望。虽然去之前，妈妈一再强调李阿姨刚生了小宝宝，需要绝对安静，让小轩去了之后不要大声说话吵闹，要讲礼貌，小轩也答应了。可是到了那里，妈妈对小轩失望极了。刚开始小轩还安安静静的，但是不一会儿，看到李阿姨家有很多水果的时候，小轩就开始自己拿着就吃，还不等一样吃完就放在一边，开始吃另一样，就跟在自己家一样。虽然李阿姨说没事，小孩子就是这样，但是小轩的妈妈还是觉得很不好意思。

过了一会儿，小轩就跟李阿姨家的大女儿美美吵了起来，原来小轩非要玩美美的玩具，但是美美不舍得，小轩就直接开始抢，吓得美美都哭了，小轩抢过去就躲到一边玩了，完全不管美美在哭。妈妈觉得十分尴尬，就把玩具拿过来还给美美，小轩对着妈妈又打又闹，非让妈妈给自己拿回来。妈妈只好带着小轩回家了。

教导孩子懂礼貌

你好！

1.家长规范言行
家长是孩子学习的榜样，因此，想要让孩子懂礼貌，家长首先要学会懂礼貌。

妈妈给你拿来东西，你要对妈妈说什么？

谢谢。

2.教给孩子基本的礼仪
孩子年龄小，很多礼节是不会的，家长要耐心教导孩子一些礼貌礼节，让孩子逐渐养成良好习惯。

这像什么话！赶紧叫伯伯！

这不是张敬轩嘛，哈哈。

3.纠正不礼貌行为
对于孩子的一些不礼貌的行为，家长不要置之不理，而是应该及时纠错，加以矫正，让孩子学会控制自己的言行举止。

良好的行为习惯不是一朝一夕就能培养的，因此，对于孩子的不礼貌行为，家长要多付出时间和心思，耐心地教导孩子，慢慢培养孩子懂礼貌的好习惯。

　　很多家长都跟小轩的家长想法一样，认为孩子大了自己就会懂礼貌了，因此平时不注意管教，结果在一些场合就会因为孩子而感到十分尴尬。其实孩子并不知道自己做了什么，也不知道家长会觉得尴尬，因为，孩子不觉得在别人家和在自己家有什么区别，加上家长平时不教导，孩子自然不知道该如何做才是懂礼貌，才会让大家喜欢。

　　家长不要觉得礼貌是一件小事情，如果孩子没有形成良好的礼貌习惯，大家就不会喜欢孩子，孩子会被其他小朋友嘲笑和远离，会变得孤立，这对孩子的成长是十分不利的，比如交朋友或者是学习等方面都会受到影响。因此，家长一定要对孩子言传身教，让孩子学会礼貌，赢得更好的人际关系。

孩子常常欺负弱小怎么办

　　在生活中，经常会看到七八岁的孩子，尤其是男孩子，会欺负比自己弱小的孩子，明明别人没有惹到他，他也要去推别人一把，或者故意把别人的玩具抢过来玩，如果别人稍有不满，他就会动手揍对方。面对这样欺负弱小的行为，有的家长会当着受欺负的孩子的家人的面大打孩子几下，也有的家长害怕自己教训了孩子，以后孩子变得不欺负别人了，反而被别人欺负了怎么办？因此，常常陷入两难。

　　文博是这一片出了名的小霸王，这附近的孩子都要听他的才行，谁要是不听，文博就会欺负人家，不是把人家的玩具故意摔坏就是和别的小朋友合伙捉弄对方。有好几个小女孩都让文博拽过辫子，现在好几个小女孩都不敢来这边玩了。

　　不仅仅是在家里这样，在学校里文博也是班上的"老大"，虽然文博学习成绩不好，但是他个子高长得壮，在班里打架没有人能赢他，因此，他常常看谁不顺眼就故意找碴儿，经常把看不顺眼的叫到教室后面，让人贴着墙站着，还把书放在人家头顶上，只要书掉下了，文博就会用书打人家几下。所以，在班里根本就没人敢惹他。开始也有几个同学不堪被他欺负就告诉班主任，可是班主任批评教育文博之后，文博还是我行我素，把打小报告的同学再狠狠揍一顿，从此，同学们都不敢和班主任说了。

人性本善，孩子不可能无缘无故变得如此"残暴"，在孩子欺负弱小得背后，一定是有原因的。

首先，家长的溺爱容易让孩子形成自私的心理。家长事事以孩子为中心，对孩子百依百顺，有求必应，让孩子形成自私、蛮横、跋扈的性格，在与其他小朋

引导孩子改正欺负弱小的习惯

孩子的人生本是一张白纸，对社会的态度和为人处世的原则都是在家庭的氛围中慢慢培养出来的，因此，家长的教育对孩子来说十分重要，所以，对于孩子的一些不良行为，家长要及时引导，帮其改正。

首先，不要经常打孩子

对于孩子恃强凌弱的行为，家长如果采取打骂的态度，和孩子的行为有什么两样呢？不仅不能制止孩子，反而会使孩子更加反抗和霸道。

嗯，我们给它治伤吧！

你看，小鸟都受伤了，我们救救它好不好？

其次，培养孩子的爱心

在生活中，家长要用自己的言行去影响孩子，教会孩子有爱心，有爱心的孩子一般不会霸道，不会恃强凌弱。

七八岁的孩子认知力还比较弱，知识经验少，因此，只要家长在生活中利用一些琐事慢慢引导孩子，就能教会孩子与人为善，不恃强凌弱。

友交往的过程中，不可能事事顺心，但是孩子已经习惯了什么都要符合自己的意愿，因此，当要求得不到满足的时候，就会恃强凌弱以求得到满足。

另外，就是孩子对一些暴力行为和对家长行为的模仿。孩子的好奇心很强，但是却没有分辨是非的能力，比如看到影片等，其中的暴力行为会对孩子产生影响。另外孩子家长如果经常采用打骂等暴力措施教育孩子，就会让孩子在潜移默化中形成蛮横、粗暴的性格，对于比自己弱小的孩子，也会通过欺负他们来显示自己的强大。

这种行为无疑是一种错误的行为，因此如果孩子出现这样的行为苗头时，家长就要引起重视，给予孩子更多的温暖和关怀，耐心教育和帮助孩子，让孩子认识到这种行为的错误性，从而逐渐改变这种坏习惯。

打架是孩子间的正常现象

七八岁的孩子总是喜欢和很多小朋友一块儿玩，不再喜欢跟爸爸妈妈等大人一块儿玩，而在和小朋友玩的过程中，往往少不了要打架，有时一天能打上好几次。每次看到孩子们拳脚相加，家长就会特别紧张，害怕自己的孩子受伤，也害怕孩子把别的孩子弄伤。其实家长也不用过于担心，孩子们的力气还小，加上大人一般会很快拉开，孩子们一般不会受伤，当然，也不用担心孩子们会因此失去一个小伙伴，过不了多久孩子就会和好如初，跟没有打过架一样。

其实，孩子之间这样的打架行为是一种十分正常的现象，是每一个孩子在成长的过程中必不可少的经历，也是孩子学会交际的一个重要课程。因此，家长面对孩子的打架行为，一定要理智对待。

小刚的妈妈最近总是寸步不离地跟着小刚，就因为小刚总是打架惹事，为此好几个家长都来找小刚的妈妈告状了。但是这个年龄的孩子又不可能关在家里不让出来，小刚还就是愿意出门找小朋友玩，妈妈只好跟在小刚身边看着，只要孩子举起手来有要打人的架势，妈妈就赶紧过去制止。

前几天小刚在小区的广场上玩，广场有一个滑梯，小朋友们都很喜欢爬上去玩，小刚也不例外。可是小昭堵在往上爬的小台阶上，小刚一把就把小昭推开了，小昭直接从台阶上摔了下来，好在地上是沙堆没有摔伤，但是小昭生气了，就从后面拽住小刚往上爬的脚，把小刚拖了下来，之后两个孩子就扭打在一起了，等到大人看到并把两个人拉开，小昭的脸上已经被小刚抓破了，小刚也是灰头土脸的，只是脸上没有伤。回到家后，妈妈批评了小刚，告诉他不要打架，要不就没有小朋友喜欢他了。

可是第二天出去玩的时候，小刚就又跟另外一个小朋友打架了，这次是个小女孩，小刚把人家小女孩的辫子扯歪了，还用沙扬在女孩的身上和脸上，女孩的眼里也进沙子了，不敢睁开眼，只是大哭，小刚跟没事人一样接着去玩了，女孩的妈妈就找到小刚的妈妈理论。

七八岁的孩子，由于年龄小，不懂得社交技巧，也不懂得如何和小朋友们分享，更不懂得如何合作，玩到一起了更好，一旦发生分歧，往往不知道该如何表达，都想着让对方听从自己的，意见无法达成统一，孩子就会选择用打架的方式来表达自己的不满。还有的孩子，从小被家长娇惯，受不了一点委屈，要是别人不围着他打转，他就会生气，就会选择动手打架。

孩子打架原本是十分正常的事情，家长不要大惊小怪，孩子在打架中可以学会以适当的方式与人相处，逐步完善处理、协调人际关系的能力，同时也锻炼孩子的意志和坚强的性格。这比家长单纯的说教要好得多，家长的说教孩子往往听不进去，而通过打架，孩子切身体会，往往更容易理解。当然，这并不是在鼓励孩子打架，只是说在孩子打架的时候，家长不要过于担心，尽量让孩子自己解决和处理。

纠正孩子爱打架的习惯

虽然打架是十分正常的事情，但是在日常生活中家长并不希望自己的孩子经常打架，因此，在平常生活中家长就要教孩子一些友好的行为，让孩子尽量保持冷静，减少打架行为。

1.让孩子多与小朋友接触

让孩子多和小伙伴玩，在玩中让孩子学会如何和朋友相处，逐渐形成良好的人际关系。

没关系，小孩子打不疼，让他们自己解决吧。

轩轩不要打弟弟啊。

2.让孩子自己解决

如果孩子打架了，只要不出现危险，家长尽量不出面，而是让孩子自己解决，通过纠纷，让孩子学会处理各种争执。

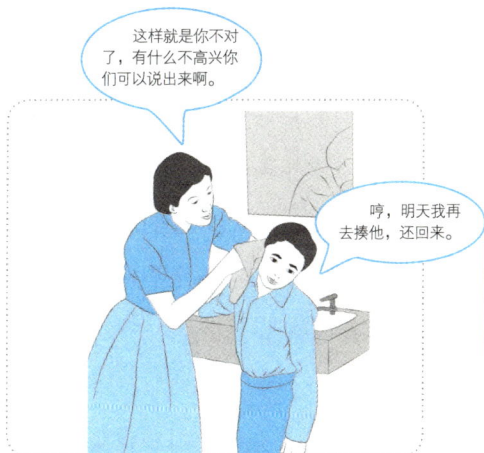

这样就是你不对了，有什么不高兴你们可以说出来啊。

哼，明天我再去揍他，还回来。

3.不教孩子以牙还牙

孩子如果挨打后不要教他以牙还牙，这会让孩子认为打架这种处理方式是正确的，可能会让孩子更加具有攻击性。

第三章 耐心培养孩子的健康人格

孩子爱慕虚荣、喜欢攀比要不得

　　每个人都会有一定的虚荣心，七八岁的孩子自然也不例外。这个年龄阶段的孩子对是非的辨别能力还比较差，和小朋友们一块儿玩耍的时候，很容易在彼此的影响下形成攀比心理，互相比较，其实这就是孩子的虚荣心。前面也提到过，这个年龄段的孩子有着非常强的"表现欲"，非常希望引起他人的注意和羡慕等，因此，会用自己新买的玩具或者是新买的漂亮衣服等吸引大家的目光。这就无形中让孩子逐渐形成了攀比和虚荣的心理。

　　攀比心理是一种不愿落后于人、争强好胜、物欲很强的内心情感的综合流露。如果长时间的攀比，就会让孩子形成很强的虚荣心，这对孩子的成长是有不利影响的，如果放任孩子的这种心理发展，就会让孩子变得"六亲不认"，只认物质，甚至会使得孩子在成长的过程中出现更加严重的状况。

　　青青是个十分漂亮的小女孩，学习成绩也很好，老师和同学们都很喜欢她。青青的家庭条件不是很好，家长是从农村出来打工的，她还有一个刚刚上幼儿园的弟弟，爸爸妈妈有点重男轻女，因此什么好东西都是给弟弟留着，常常给弟弟买新衣服，但是却让青青穿表姐不穿的衣服。

青青班上的同学大多数是独生子女，家庭条件也比青青家要好，因此青青觉得同学们的文具比自己的高级，女同学穿的衣服也都很漂亮，青青羡慕极了。青青不想让人看不起，每次穿表姐的衣服都觉得十分难受，就央求妈妈给自己买新衣服，妈妈有时会给青青从路边摆摊的那里买件便宜的，每次青青都对同学们说这是妈妈从商场给她买的，一件就好几百呢。

青青看到同学们有很多很时尚的发卡还有小文具很想要，妈妈都说用不到就不给青青买。说了几次妈妈都不答应之后，青青就偷偷地拿同学们的东西，但是不敢在班上用，就藏在家里，周末的时候拿出来用。有时还拿同学们放在教室的零花钱，然后买自己喜欢的东西，由于小学生的零花钱也不多，青青也买不到比较大的东西，因此，妈妈一直没有发现青青新添的东西。

直到有一次青青又在偷拿一个女孩的钱，被班上一个突然回教室的男生看到并报告给了老师，这个时候青青的妈妈才知道乖巧的女儿竟然偷东西！要不是被同学发现，不知道这样下去青青会做出什么大事情来呢，妈妈想想就觉得后怕。

才上小学的一个女孩，为了想要和同学攀比，就开始偷东西，小偷小摸也可能会因此收不住手，这样下去等待青青的会是什么呢？因此，面对孩子的攀比、虚荣心理，家长一定要加以重视，及时帮助孩子消除这些不良的心理，让孩子学会正确比较。

当然孩子能够形成这样的心理，和家长也有一定的关系，很多家长本身就存在着攀比心理和行为，在这样的影响下，孩子难免会形成攀比和虚荣心理。或者是有的孩子的家长害怕自己的孩子会被人瞧不起，就对孩子无条件满足，这无疑助长了孩子的攀比心理。

七八岁的孩子对事物缺乏正确的判断和分析能力，那些不健康的心理必然会对孩子产生消极的影响，从而影响孩子的成长过程。因此，如果孩子出现了攀比、虚荣心理，家长一定要认真对待，加以引导，采取正确的方式纠正孩子的不良心理。

如何纠正孩子的攀比心理

方法一：不要放纵孩子的消费欲

不管家里条件如何，都不能放纵孩子的消费欲，要有目的、有计划地引导、纠正孩子爱慕虚荣的坏习惯。

方法二：给孩子灌输节俭的观念

在平常的生活中，告诉孩子挣钱不容易，告诫孩子从小要勤俭节约不浪费。

方法三：改变孩子攀比的兴奋点

孩子攀比是因为孩子有竞争意识，家长可以引导孩子从比吃穿、比消费，转移到比学习、比卫生等好的方面。

方法四：家长不能再虚荣下去了

七八岁的孩子离不开家长正确的教导，家长的一举一动都会对他们产生影响，因此，家长要首先放下攀比心理才能更好地教育孩子。

孩子的嫉妒心开始变强

很多家长都会听到孩子和自己讲学校里的同学或者是自己小伙伴的事情，比如：

"妈妈，张小薇的裙子可漂亮了，大家都围着她看！"

"妈妈，我们班上一个女生参加作文比赛才得了个二等奖！"

"爸爸，小伟又买了个更大的飞机模型！"

这些都是因为孩子在嫉妒自己的同学或朋友。其实和大人是一样的，七八岁的孩子也会有嫉妒心，而且他们的嫉妒心还很强烈，当别的小朋友比自己强、比自己好、东西比自己多的时候，他们都可能会产生嫉妒心理，哪怕是自己最好的朋友，他们也会嫉妒。面对孩子的嫉妒心理，家长常常感到担心，怕这会影响孩子的心理健康，却又不知道该怎么办才好。

有一天，慧慧忽然跑回家对妈妈说："妈妈，我也要一条和倩倩姐姐一样的花裙子！"妈妈正在忙着做饭就只是随口答应了一声，并没有当回事，看到妈妈答应了，慧慧就又出去玩了，临出门还特意换上了妈妈前几天刚给她买的公主裙。

等吃完饭的时候，慧慧又问妈妈："妈妈，我们吃完饭就去商场吧。"原来她还想着裙子的事情，妈妈却不知道为什么去商场。慧慧说去买花裙子，妈妈说刚给她买了公主裙为什么还要买花裙子呢？慧慧就告诉妈妈刚才在外面玩的事情。

原来是倩倩刚买了一件花裙子，其他小朋友都说好看，都围着倩倩问这问那的，慧慧被大家忽略在一边了。因为慧慧长得漂亮，平时大家都是围着慧慧的，现在被倩倩抢走了风光，慧慧有点嫉妒了，就非让妈妈也给自己买一条花裙子。妈妈没有想到，面对好朋友倩倩，女儿还这样嫉妒她。才八岁的孩子，怎么就有这么强的嫉妒心呢？

孩子的嫉妒心就是对某些条件比自己强或者比自己优越的孩子怀有的一种不安、痛苦或者怨恨的情感。就像例子中因为倩倩穿了新衣服，结果比自己受大家的欢迎，慧慧就对此产生了嫉妒心理，从而希望有一条一样的花裙子。七八岁的孩子都爱争强好胜，希望自己什么都能比别人好，让大家都关注自己、羡慕自己。如果别人做得好，受到表扬或夸奖，他们就会认为是因为自己差才会如此。他们只会想到要让别人比自己差才行，而不会想到要通过自己的努力超越别人。

正确引导孩子的嫉妒心理

其实每个人都有嫉妒心理，只是孩子不懂得掩饰。所以，当孩子表现出嫉妒的时候，家长不要否认孩子的感受，而是承认和接受。但是，家长还是要尽量帮助孩子减少嫉妒心理的产生。

1.帮孩子建立自信心

缺乏自信心的孩子更容易嫉妒别人，因此，家长可以引导和鼓励孩子，增强孩子自信心，从而克服嫉妒心理。

> 我这次没有考好，只得了第二名。

> 我觉得已经很不错了呢，爸爸小时候连第五名都考不到。

> 你看看人家涵涵，这次又考得那么好，人家怎么就那么聪明呢？

2.不要把孩子和别人对比

比较会让孩子的内心受到很大伤害，还会让他们对家长表扬的孩子产生强烈的嫉妒心理，因此，家长尽量不要把孩子们进行对比。

孩子的嫉妒心理随时都有可能冒出来，我们不可能去消灭它，最好的方法就是让孩子增强自信，尽量减少嫉妒心理冒出来的频率。

这个时期的孩子非常在意别人对自己的评价，尤其是家长的评价，而家长常常拿孩子和其他孩子作比较，说他不如别人的哪些方面，希望孩子去学习对方的优点。但是，家长忽略了这个年龄阶段的孩子的情感是十分脆弱的，他们还无法承受这样的对比，如果家长说自己哪里不如别人，他们就会觉得是家长不爱自己，更爱那个孩子了，因此对所谓的"那个孩子"产生强烈的嫉妒心理。

另外，很多家长在孩子做成一件事情之后就会表扬孩子，希望增强孩子的自信心，殊不知，过多的表扬会让孩子的自信心膨胀，从而产生骄傲的情绪，认为自己就是最好的，一旦有人比自己更好，就会感到无法接受，继而产生嫉妒心理。而嫉妒心理一旦产生，如果不加以控制和引导，就会对孩子产生不利的影响。因此，如果孩子产生了嫉妒心理，家长应该及时与孩子沟通，帮助孩子疏导情绪，引导孩子健康、正确地与人竞争。

孩子的自尊心强，不愿接受批评

孩子虽然小，但是"人小鬼大"，他们有自己的想法和自己的自尊心，而家长在潜意识中经常是会对孩子的世界持一种轻视的态度，认为孩子懂的东西太少，很容易犯错，对世界的认识太过单纯。因此，家长往往以防止孩子走错路为由，不知不觉地充当了孩子成长的指挥官，想要控制孩子的思想和行为。

可能孩子小的时候对家长会有一种"盲从"，但是到了七八岁的时候，孩子就会有自己的思想，有时候他们的认知会与家长不同。家长如果强行让孩子听从自己，认为孩子做错了事情，继而批评孩子，孩子可能就会受不了家长的批评，因为他们认为自己没有错，家长一味地批评会让孩子的自尊心受到伤害。

对于七八岁的孩子来说，自尊心强是他们的普遍特点，也是孩子成长过程必定会经历的阶段。

小波是个小学二年级的学生，别看是个小男生，但是特别爱面子，平常什么事情都努力做好，就是为了能受到表扬。所以，小波无论是在家里还是在学校中，表现都比较出色，成绩也不错，家长倒也确实经常表扬小波，很少会批评他。可是这么大的孩子总是活泼好动，难免做一点错事，家长只要大声说他几句，小波就会红着脸躲到一边自己偷偷哭，妈妈总觉得小波像个女孩子一样小心眼。

有一阵子小波喜欢上了玩手机游戏，整天拿着爸爸或者妈妈的手机玩，有时连作业也不做完就开始玩游戏，妈妈说："作业也不写，就知道玩！"小波就会不高兴，说："我就玩一会儿，每次不都是会完成作业的吗？"

有一天妈妈的手机停机了，充了50块的话费还是停机，妈妈就又充了100才通，接着打电话问客服，说是业务费还有流量超了扣的钱。妈妈一想肯定是小波玩游戏不知道点了什么让手机多开了业务，流量应该也是小波在家不知道用无线网，而是点开流量了。想到这里，妈妈生气地来到小波的房间，对小波说："说说你干的好事！你玩妈妈的手机都干什么了？怎么扣了100多块钱？"小波正在写作业，疑惑地说："我没有点别的，都是玩以前的游戏啊。"妈妈也不听小波解释，就认定是他干的，狠狠教训了小波一顿。

小波委屈地哭了好久，晚饭也不肯吃，好几天都没有和妈妈说话。

就算妈妈道歉了，小波还是不肯原谅，这正是由于小波的自尊心过强造成的。我国著名的出版家邹韬奋曾说："自尊心是进步之母，自贱心是堕落之源，故自尊心不可无，自贱心不可有。"自尊心是一种可贵的品质，能激励孩子发愤图强，不断进取。但是，孩子的自尊心也并不是越强越好，适度的自尊才是孩子自信的基石。

孩子自尊心强的话，就会特别重视家长、老师和同学的评价，日常的生活中也会非常要强，因此，家长如果批评孩子，否定了孩子，孩子就会接受不了，情绪容易受到别人评价的影响。就像故事中的小波一样，被妈妈批评以后情绪就会

低落，好几天才能缓和过来。自尊心太强的话，孩子就不能认清自己的长处和短处，容易看不起别人，觉得自己是最优秀的，有时甚至为了维护自己的"优秀地位"而想方设法贬低别人、打击别人。这对于孩子的成长和交友都非常不利。

❤ 孩子自尊心太强怎么办 ❤

　　七八岁孩子的自尊心太强可能会对孩子造成不利的影响。如果家长不妥善对待，孩子的自尊心可能会变成虚荣心，因此，家长应当想办法给孩子的自尊心"降降温"。

> 虽然你想认字是不错，但是把爸爸的文件弄坏了，这就是粗心大意，是不好的习惯！

1.表扬与批评双管齐下
　　家长一味表扬会让孩子自尊心膨胀，从而接受不了批评。因此家长对于孩子的教育，不能只是注重表扬，适当地批评一下孩子，给孩子面对错误的勇气。

> 这有什么，胜败乃兵家常事嘛！

> 妈妈，这次比赛我竟然没有得奖！妈妈，你听到我说的话了吗？妈妈！

2.冷处理
　　孩子自尊心受挫时，家长不必立即做出反应，否则家长的敏感会强化孩子的自尊心。这时可采取"冷处理"的方式，不给予特别关注，让孩子自己教育自己。

　　当然，这个时期的孩子都会有点自尊心过强，家长也不必过于担心，只要正确引导孩子，就可以帮助孩子正确认识自己，认识别人，从而健康成长。

因此，面对孩子自尊心太强的状况，家长既要维护好孩子的自尊心，又要想方法引导孩子，让孩子保持一种平和的心态，看到自己的短处和别人的长处。在批评孩子的时候，不要贬低孩子，而是给孩子一些实际的意见和建议。

孩子总是有各种借口和理由

前面也讲到，七八岁的孩子都非常在意别人对于自己的评价，在家里，希望家长能够给予自己正面的肯定，在学校中也十分在意老师和同学对自己的看法。可是，这个年龄的孩子正处叛逆期，本身就很容易犯错误，加上七八岁的孩子思考问题并不能做到十分全面，因此，犯错误是在所难免的，那么在犯错误之后又不想让别人批评自己，怎么办呢？

这个时候孩子就开始想办法为自己辩解，想要在众人面前维护好自己的形象，为自己的行为找理由和借口，这是七八岁孩子的一种下意识的、被动的自我保护的行为。孩子们之所以会找各种理由和借口，在很多时候是想要掩饰自己的错误，继而避免受到家长或者其他大人的批评与惩罚。

皓轩今年刚刚七岁，平常就是很爱说话，脑子也十分灵活，常常妈妈说一句，他就有十句话在等着，别看才上小学二年级，却常常把爸爸妈妈堵到哑口无言。皓轩的家长都是大学生，因此对孩子十分民主，有什么事情都会跟皓轩商量，而且也会听皓轩的想法。但这样也使得皓轩总是有很多借口，就算是自己做错了，也会找到各种理由为自己辩解，说的时候面不改色心不跳，就跟原本就是这样一样。

皓轩有一天放学后没有直接回家，而是到他的朋友洋洋家去了。到了晚饭时间还没有回来，妈妈就打电话到洋洋家，说是一会儿就会回来，结果一个小时还不回来，天都要黑了，妈妈就直接到洋洋家去找了，去了之后发现皓轩和洋洋一起躺在沙发上看动画片，地上还有很多两个人玩过的玩具。

妈妈带皓轩回家之后，就说："你答应马上就回来，怎么一个多小时还不回来，在人家家里看电视！不会回家来看吗？"皓轩却说："洋洋说让我陪他玩，我已经答应了，怎么能失信呢？你不是一直说答应了别人就要做到吗？"妈妈十分生气却又没有话说，就又告诉皓轩："那你在做客，怎么把玩具乱放，这样别人还要收拾，多没有礼貌啊？"皓轩一边躺到沙发上，一边告诉妈妈："哪有做客的人自己收拾的道理啊？别人到我们家，我们怎么好意思让别人收拾，当然应该是主人收拾了。"

年纪这么小的儿子就这样善辩，一点也不肯承认自己的错误，总是有理由，听到皓轩这样说，妈妈真是又生气又担心，担心他长大以后也会这样"能言善辩"，不能认识到自己的错误。

很多像皓轩一样年龄的孩子都开始知道为自己的行为找借口了，目的就是为了可以逃过别人的批评，维护自己不受到惩罚。当然，孩子找的各种理由和借口，家长往往一眼就可以拆穿，却又对孩子无可奈何，因为有很多时候孩子是用家长平时教导孩子的一些道理来反驳家长，当然孩子可能理解有偏差，但也不乏是孩子明明懂得道理，却故意曲解家长的意思。

当然，家长也可以从另一方面来看待问题，孩子开始知道为自己的行为辩解，说明孩子已经明白是非对错，他们期望自我完善，想要做一个好孩子，想要别人从正面评价自己。这个想法是好的，只是孩子往往会比较偏执，想让别人对自己有好的评价，就会故意去找理由掩饰自己的错误。这其实是孩子有了自己的思想，对事物有了一定的判断能力的标志。因此，面对孩子的种种狡辩，家长也不要一直压制孩子。不过，如果孩子养成了能言善辩、自作主张的习惯，就比较难听取别人的意见，做事情的时候就会一意孤行，这对孩子的成长会形成不利影响。当然，孩子毕竟还小，很多道理还不能理解透彻，家长也不必过于担心，只要家长及时合理引导孩子，就能帮助孩子改正这个习惯。

巧妙应对孩子的辩解

为自己的错误找各种各样的理由，是这个年龄阶段的孩子常做的事情，面对孩子的辩解，家长不要简单压制，也不要和孩子较劲，而是要学会通过一定的方法引导孩子，让孩子认识到自己的错误，并能改正。

1.宽容对待孩子

很多孩子之所以为自己找理由就是因为害怕受到惩罚，因此，家长不妨对孩子宽容一点，如果孩子知道自己说出实情家长会宽恕自己，孩子就不会找理由掩饰了。

2.给孩子明确的指示

如果只说几分钟，孩子可能没有那个概念，到时候也有狡辩的空间，如果明确说十分钟、五分钟，孩子就无法狡辩了。

3.家长保持态度一致

很多家长认为严慈相济才能教育好孩子，因此出现很多"慈母严父"的现象。但是这样教育态度不一致就会给孩子辩解的机会，造成孩子狡辩的行为。

孩子为什么爱学坏，不学好

孩子在小的时候，很多事情不懂，都会乖乖听爸爸妈妈的话，对于这个世界的认识也是跟着爸爸妈妈，一点一点进行的。在这个时期，家长可以控制孩子的行为甚至是一部分思想。当然，这样让家长十分有成就感，不知不觉就会把自己当作孩子的指挥官，处处管教孩子。但是，随着孩子年龄的增长，家长会发现孩子越来越难以控制，孩子的世界变大了，视野开阔了，尤其是现在媒体的飞速发展，让孩子可以足不出户接触大量的信息，了解很多可能家长也不会知道的知识。

因此，七八岁孩子的家长就会非常担心，孩子逐渐脱离家长的掌控，但是他们还不能正确区分全部的是非。当然，家长的担心也不是空穴来风，七八岁的孩子，确实很容易就学坏，打架骂人这些已经算是小事情了，小小的年纪如果学会抽烟、喝酒、赌博、偷盗等这些行为，就更让家长担心了。

小宏一直都十分好动，就没有停下来的时候，倒是学东西也快，往往看一看就能学得有模有样的，家长为此还觉得十分骄傲。但是，随着小宏的不断长大，家长就开始有了担心，这孩子不管好的坏的都学，这要是哪天做了坏事可怎么办呢？

有一天周末的时候，爸爸妈妈都在家，邻居韩先生带着低着头的小宏走了进来，韩先生一进门就生气地对小宏的爸爸说："你这是怎么管教的孩子？这么小就学会偷东西了！"小宏的爸爸十分吃惊，小宏虽然调皮，但是并没有发现他有偷东西的习惯啊！自己盘问之下才知道，小宏确实是偷了韩先生放在家里的一些零钱。爸爸听到小宏确实偷了，一生气就打了小宏一巴掌。

爸爸赶紧给韩先生道歉，并把钱还给韩先生。等人家走后，爸爸妈妈好好盘问小宏到底是怎么回事。小宏却并没有认错，还说："电视都说了劫富济贫是英雄行为。老韩家这么富，我去拿他点钱，然后送给车站附近乞讨的老人，有什么不对？我这是英雄，你们凭什么打我！"听到小宏做了错事，还这么振振有词，家长十分生气，可是听到他的理由，家长一时竟也哑口无言，不知道该怎么给他解释。

明明有很多好的行为，孩子们为什么不学好反而学坏呢？很多家长对此十分不解。有关儿童心理学研究表明：孩子的求知欲和表现欲在进入小学阶段后开始萌芽，并且很快进入高峰期。在这个阶段的孩子，他们的探索意识会变得十分强

♥ 如何避免孩子学坏 ♥

孩子的年龄尚小、模仿欲望比较强，因此，很容易受到一些不好的影响，因此，家长一定要时刻观察孩子，以免孩子将不好的行为变成一种习惯。

1.家长要时刻注意自己的行为

孩子的模仿行为大多数是来源于家长。因此，家长要注意将过于成人的、社会的行为有效减少，以免孩子盲目追随模仿。

小刚就快回来了，赶紧把烟收起来。

没和妈妈说你就伸手拿零钱干什么？

2.及时制止

七八岁的孩子模仿能力强，因此家长要密切关注孩子的举动，一旦发现孩子的行为不佳或者异常时，应该及时制止，用关爱将孩子拉回来。

3.巧用从众心理

孩子很容易受到从众心理的影响，家长可以巧妙利用，让孩子多与表现好的孩子相处，看到其他孩子都有好的表现，孩子也就会向他们学习了。

赶快起来收拾一下，小昭要来找你玩了，他的房间那么干净，看到你的会笑话你哦。

烈，并且开始学会自己独立思考，逐渐开始尝试着模仿别人的行为，特别是这个年龄的孩子有着自己的英雄梦，而"英雄"往往会有豪爽的一面，喝酒、抽烟、打架，等等，加上电视媒体等对孩子的影响，孩子就会从中学会一些不好的行为。

当然，七八岁的孩子，正是处于人生中的第二个叛逆期，这个年龄阶段的孩子，正介于幼稚与成熟之间，辨别是非的能力还有所欠缺，这个时候一些"坏"的行为似乎对他们更有吸引力，他们也以此为乐。表现在现实中，就是孩子觉得大人的一些抽烟、喝酒、打牌赌博等行为很帅、很酷，就算他们隐隐觉得这些行为是不好的行为，也会因为觉得新鲜而想要尝试。

家长面对孩子的这些不好的行为，要针对孩子的心理特点，不要盲目批评孩子，或者只是选择打骂的方式面对孩子。毕竟孩子的内心还是好的，他们只是觉得这些行为好玩或者他们觉得一时新鲜就尝试一下而已。当然，家长也不能对孩子的这些行为听之任之，避免孩子将这些不好的行为固化成一种习惯。

孩子为何变得"人来疯"

"人来疯"说的是孩子在平时的时候表现一切正常，但是一旦家里来了客人或者是到了人多的地方，孩子就会像是变了一个人似的，变得异乎寻常的活跃，甚至是调皮捣蛋或恶作剧起来。越是当着别人的面，就越不听家长的话，常常弄得家长下不来台，但是如果家长强行制止他们的行为，孩子反而会闹得越凶。

七八岁的孩子有的过于害羞，见到生人就躲在家长身后，而有的孩子却非常"喜欢"见到陌生人，以至于见到陌生人就像是脱缰了的野马，任凭家长怎么拉都拉不回来。很多家长为此感到十分恼火，因为这样不仅打扰到别人，还会令自己十分尴尬。

小华已经读小学二年级了，在家里也算是听话，在学校也遵守纪律，成绩也好，但是，就是有一个毛病让家长十分为难。就是平常算是乖乖的孩子，一旦家里有客人来了，或者是带着他去别人家做客，小华就像是变了个人一样，用"上蹿下跳"来形容也不为过，一点也不会觉得害羞或者是拘束，总是"自来熟"，要不拉着别人看自己的玩具或者是要求别人和自己玩游戏；要不就是在爸爸妈妈和别人谈事情的时候，在旁边大声喧哗，故意弄出很大的动静来吸引别人的注意。妈妈训斥他，他也不听。有时妈妈实在忍不住，就会把他拉到一边揍他几下，小华就会大哭，可是哭完还是那样，爸爸妈妈真的不知道怎么回事。

有一次妈妈带着小华坐客车去姥姥家，由于坐车的时间比较长，很多乘客上车就会睡觉。但是小华却一刻也不停，和妈妈说话的声音也比平常要大，故意大声笑，大声唱歌或是讲故事。妈妈瞪他一眼，让他小点声音，小华就跟没有看到一样，依旧我行我素。很多人都看向他们这边，弄得妈妈十分不好意思，只好对人家歉意地笑笑。小华光出声音还不够，还站到座位上看看行李架上的东西，要不就看看别的乘客，对着人家指指点点，发现什么新鲜的东西就大声地让妈妈看。一路上，妈妈真的是觉得十分尴尬，把小华拽下来，让他坐好，他就说妈妈弄疼他了，开始大哭。其他乘客都颇有微词，只是碍于是个孩子，不好说什么。

可是只要没有别人在场，只有爸爸妈妈的时候，小华就会变得十分正常，也很听爸爸妈妈的话，跟在别人面前完全是两个孩子。爸爸妈妈也打了，也骂了，可是下次再面对别人的时候，小华还是一个没有礼貌的样子。

故事中的小华就是典型的"人来疯"，那么，孩子为什么会出现这样的一种行为的变化呢？说到底，还是孩子的表现欲的原因。在前面的章节中也讲过，七八岁的孩子，有着很强的表现欲，在面对其他人的时候，孩子就想要通过自己的行为引起别人的注意，从而得到别人的表扬和鼓励。但是，孩子的年龄毕竟还小，对事情的把握程度有限，因此在表现的时候就不能很好地把握分寸，往往就会玩过头，也就是出现上文中所说的"人来疯"现象。

想要解决这个问题，家长首先要知道孩子"人来疯"的原因，大体上，有两个原因造成孩子的这种异常行为：

♥♥ 应对孩子"人来疯"的方法指导 ♥♥

面对孩子"人来疯"的行为，家长常常感到没有面子，或者是让主客双方都十分尴尬。那么家长该怎么帮助孩子改变这种习惯呢？

1.不要当着客人的面批评孩子

孩子也是有自尊心的，当面批评孩子，孩子会觉得没有"面子"，会感到羞愧甚至更加反抗。

2.给孩子表现的机会

孩子无非是想在客人面前表现一下自己，家长不如主动给孩子表现的机会，然后给孩子一个明确的停止的提示。

3.多让孩子接触外界

多带孩子参加一些聚会，多与同龄人一起玩耍，以减少孩子看见生人时的新鲜感。

4.培养孩子文明礼貌的习惯

要想减少孩子"人来疯"，就应该在平时多与孩子交流沟通，积极引导，培养孩子礼貌待客的习惯。

首先是家长对孩子过于溺爱，孩子想要什么就有什么，想干什么就干什么，家长总是无限满足。这样就容易造成孩子"以自我为中心"的意识。但是，当家里来了客人，或者是到别人家做客的时候，家长就会忙于交际而忽略孩子，孩子看到大家都不理睬自己，心理上就会觉得是大家在冷落自己。为了吸引众人的目光，孩子就会故意做出一些比较偏激的行为。

再有一点就是，家长在平常的生活中，对孩子的管教过于严格。而七八岁的年龄正是孩子好玩、好动的年龄，这个时候孩子做什么家长都要管一下、控制一下的话，孩子就会感到十分约束。而当有客人来访的时候，客人出于礼貌都会夸奖一下孩子，面对客人，家长也往往会稍微放松对孩子的限制，孩子都是十分聪明和敏感的，这样细小的变化孩子也是可以捕捉到的，面对稍显放松而又十分新鲜的环境，孩子就会利用这个时机尽情放松玩乐。

当然，对于孩子的这种"人来疯"行为，家长也不必过于担心，随着年龄的增长，这种现象会自己慢慢消失。但是，如果家长希望孩子早点成熟起来的话，可以多对孩子进行教育和引导，让孩子早日摆脱"人来疯"现象。

大人说话，孩子爱插嘴

有时候，家长正和别人聊着一件事情的时候，孩子忽然从旁边插上一句，偶尔这样一次还是好，但是有的孩子却十分爱插话，有时大人在谈一些正事，孩子总是会打断双方谈话，显得孩子十分没有礼貌，家长往往也觉得不好意思。

这个年龄阶段的孩子爱插嘴，也是符合其年龄特点的，属于一种正常的心理现象。七八岁的孩子，正是好奇心强、活泼好动的时期，他们对任何事情都充满了兴趣。但是，因为年龄比较小，接触的知识也少，却又偏偏有着很强的求知欲，因此，当孩子听到大人的谈话，对于一些内容感到十分好奇的话，孩子就会

迫切地想要解决自己心中的疑问，于是就会打断大人的对话提出很多问题，希望得到大人的回答。

这正是孩子获得知识的一种途径，是孩子思维训练的一个机会。有的家长面对孩子的爱插话往往会感到不耐烦，其实不然，虽然爱插话让人有点厌烦，但是孩子获取知识也十分重要。家长应该想办法既要保护好孩子的求知欲，又避免孩子的不礼貌行为。

姗姗非常聪明，有什么事情总是一点就通，也非常爱学习，遇到不懂的就会问家长。因此，已经上小学的姗姗学习成绩很好，经常受到老师的表扬。但是，姗姗也有一个让家长十分头疼的问题，就是非常爱打断别人的聊天，自己插话。

妈妈和同事小张住在同一个小区内，因此小张经常会过来找姗姗的妈妈聊天，有时会聊一些家长里短，有时也会聊一些工作上的事情。姗姗很喜欢小张阿姨，每次小张来家里，姗姗都会坐在旁边听妈妈和张阿姨聊天，但是听着听着姗姗就会插嘴问上几句。小张阿姨也觉得姗姗十分可爱，每次都会回答姗姗的疑问。妈妈觉得大人说话，小孩子总是插嘴不礼貌，有时会教育一下姗姗，小张阿姨还会替姗姗说几句好话。

有一次小张阿姨的家里出了一点事情，找姗姗的妈妈诉苦来着，正巧碰到姗姗在家，姗姗也就在旁边听，还是和往常一样，不时地说上几句。这次，小张阿姨很伤心，没怎么理会姗姗，妈妈也觉得姗姗太没有礼貌，就大声说了姗姗几句。姗姗看着妈妈真生气了，就噘着嘴到旁边玩去了，可是，不一会儿，姗姗又回来了，而且又开始多嘴。

跟前面所说的孩子在生人面前异常活跃一样，孩子爱插嘴往往也是想要引起家长的注意。家长在和别人谈话的时候，孩子由于没有受到关注，就想要通过自己的言语引起家长的关注，想要家长的视线落在自己身上，因此就会打断大人的对话。这个时候，家长不妨包容一下孩子，给孩子一个表现的机会，就像是故事中的小张阿姨一样，会认真对待姗姗的问题。当孩子真的表达出自己的观点，并且观点十分新颖、正确的时候，家长可以适当地给孩子一些鼓励，以便让孩子多多思考。

但是，这样插话毕竟是有些不礼貌的行为，家长也不能听之任之，就像姗姗在小张阿姨遇到问题想要找妈妈倾诉一下，这个时候姗姗还一直插嘴的话，就显得不懂事了。那么，家长可以在事后委婉地告诉孩子刚才的插话行为是不对的，是不受大家欢迎的，这样孩子比较容易接受。或者是在事前的时候，就和孩子约定好，尽量不要插话，如果实在想说，可以给家长一个暗示，让家长找个机会，让孩子发表自己的看法，这样，既可以做到礼貌，又可以给孩子机会表现自己，引发孩子更多的思考，一举两得。

如果，孩子的插嘴让家长感到是一种干扰，是一种不礼貌的行为，在经过屡次警告无效之后，很多家长就会对孩子大吼一声："大人说话，小孩子少插嘴！"殊不知，这样一句责骂，就很可能会挫伤孩子的自尊心。虽然孩子的年龄还小，心理发育也还不成熟，但是孩子也有自己的想法和自尊，需要家长的尊重。

尽管打断别人说话显得不太礼貌，但是我们也不能进行过分的压制，不喜欢孩子插嘴，这种态度本身就说明我们不够重视孩子的意见，孩子很容易就此自我贬低。然而，我们都应该清楚，孩子随着年龄的增长，心理不断发展，从三岁左右开始孩子就有了自己的独立意识，到孩子七八岁的时候，这种独立意识已经非常明显。然而当他们发表自己的意见的时候，可能家长并没有听清楚他们说的是什么，只是因为插嘴这一行为，就被家长责骂，这会让孩子对于大人之间的谈话不再去听，也不再去想了，会让孩子失去宝贵的思维训练的机会。

因此，无论孩子插嘴的原因是什么，我们都要用积极、平静的心态去对待。多数情况下，孩子插嘴只是想表达自己的观点，引起家长的注意，只是他们还不懂得找准时机。这时，家长应该包容孩子，不妨给孩子一个"表现"的机会，允许孩子发表一下自己的看法。不过，在谈完话以后，家长应该委婉地向孩子指出他刚才随便插话的行为是不对的，是很不礼貌的。这样，孩子就比较容易接受家长的批评，因为孩子心理上的"表现欲"已经得到了满足。

引导孩子改正爱插话的习惯

　　爱插话的孩子，一般思维比较活跃、反应敏捷，善于表达自己的思想，这是一种良好的人生态度。但是，爱插话也是一种不礼貌的行为，因此，家长还是需要正确引导孩子改正这个习惯。

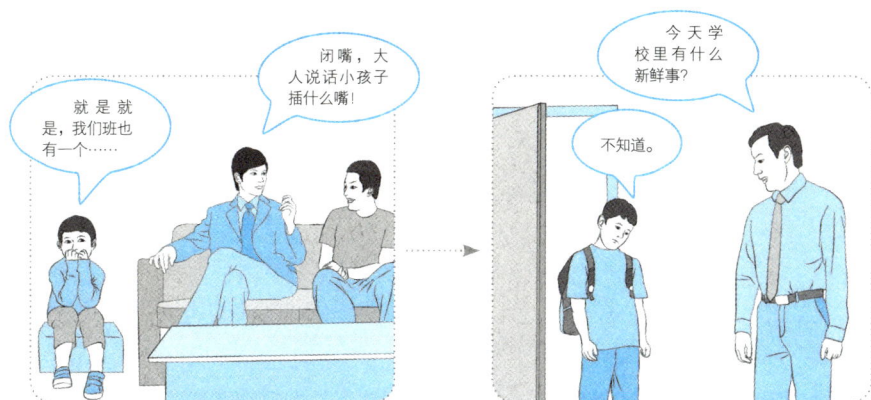

1.不能一味压制

　　孩子爱插嘴往往使家长受到干扰，很多家长对孩子警告之后就会大吼孩子，这样会挫伤孩子的自尊，扼杀孩子的独立见解。

2.利用机会加以启发和诱导

　　可以利用发生在孩子身边的事情来教育他们，让孩子受到启迪。

　　善于表达自己想法的孩子虽然讨人喜欢，但是，不分场合的插话就会让人厌烦了。因此，家长一定要教育孩子学会倾听，告诉孩子，只有当别人的话告一段落或是询问自己的意见时，自己才能说话。

第四章 关注孩子的学习状况

爱刨根问底是好现象

七八岁的孩子问得最多得一个问题估计就是"为什么"了，他们对任何事物都感到十分好奇，而且往往会有很多自己的想法，而对于他们想不明白的事情，就会一直问爸爸妈妈，即使家长回答了他们，他们还是会有新的问题，一副"打破砂锅问到底"的架势，到最后往往问得家长哑口无言，不知道该如何回答他们。

遇到自己不懂的问题就刨根问底，这是七八岁的孩子想要认识新鲜事物的一种积极的表现。这个年龄的孩子，视觉、听觉和触觉等器官在逐步发育，孩子懂的知识也越来越多，孩子接触的环境也越来越复杂，在这样的状况之下，孩子渴求认识新事物的欲望也会随之增长，对于一些没有见到的事物往往会产生十分浓厚的兴趣。但是，孩子的年龄决定了孩子的认知能力十分有限，加上孩子获得知识的渠道也有限，想要获得自己想要知道的答案，就要通过询问大人得到。但是孩子却不是只要知道一个答案就可以的，往往在答案上还有新的疑问，就这样一路问下去，不搞清楚誓不罢休。

薇薇的妈妈总是说，即使家里有本《十万个为什么》也不能解决薇薇所有的问题。她似乎看到什么都非常感兴趣，可是孩子又小，很多事情都想不明白，也

有很多东西是不认识的，于是就有了非常多的"为什么"。薇薇的爸爸妈妈也知道这是孩子在学习，应该回答孩子。所以，在刚开始的时候，爸爸妈妈都会很认真地回答薇薇，为什么白天有太阳，晚上就没有了？为什么星星那么小？为什么月亮会变大变小？为什么蚂蚁要搬东西？

然而，并不是回答完一个问题就够了，薇薇会顺着答案再往下问，一直问到爸爸妈妈回答不上来。时间长了，爸爸妈妈也就没有耐心了，加上还有很多事情要做，因此对于薇薇的问题往往应付了事，甚至拒绝回答。

有一天妈妈在收拾客厅，薇薇在一边看着花盆里的花对妈妈说："妈妈，花的叶子为什么变黄了呀？"妈妈说是因为缺水了，它渴了才变黄的。薇薇又接着问妈妈："为什么它会渴呢？"妈妈一边清扫地面一边说："它和我们一样需要喝水啊，没有水它就会觉得渴了。"可是薇薇似乎还没有要停止的迹象，还追着妈妈问：那你为什么不给它喝水呢？它没有嘴巴是怎么喝水的呢？那它的叶子为什么不变成红色而是变成黄色呢……问得妈妈有些不耐烦了，就大声对薇薇说："没看到妈妈在忙吗？没事你就去看书去！作业写完了吗？"看到妈妈生气了，薇薇小嘴一撇，自言自语道："你不告诉我，我去问爸爸去！"说着就跑开了。

很多家长面对孩子不断的追问，都会感到无力招架，往往会像薇薇的妈妈一样，被问烦的时候就会训斥孩子。孩子爱刨根问底，是因为孩子具有强烈的好奇心和求知欲，而且七八岁的年龄，正是孩子扩展知识面、丰富心灵的重要时期，家长应该认真对待，最大限度地回答孩子的每一个问题，让孩子保持这种好奇心和求知欲，不断探索世界、认识世界，这样才能让孩子学会更多的知识。

如果家长总是不回答孩子问题，不让孩子问自己问题，时间长了，孩子就真的什么都不问了，这并不是一件好的事情，这说明孩子对周围的事物不再感到好奇，也不再对事物进行探索，这样孩子的天性就会被压抑，那么他们所能学到的也就会大大地减少了。当这个时候，家长后悔的话就晚了，因为孩子一旦失去了好奇心和求知欲，再重新激起是非常困难的。再说，孩子问问题，是对自我潜能的一种开发和挖掘，如果家长不给予支持和引导，那么，这种潜能就会逐渐泯灭。

面对孩子的提问家长应该如何做

我国著名教育家陶行知先生曾说过："小孩子得到言论自由，特别是问的自由，才能充分发挥他的创造力。"因此，家长应该鼓励孩子提问。

妈妈，为什么这辆车有这么多轱辘啊？

这叫轮胎，因为卡车需要载很重很重的东西，就要多用轮胎才行啊。

妈妈，为什么我不敢看太阳呢？

你觉得你为什么不敢看呢？

1.认真回答孩子的"为什么"

其实很多时候，孩子并不是需要一个确切的答案，他们只是需要自己的问题得到重视，所以，家长应该认真对待孩子的问题，让孩子受到鼓舞。

2.反问孩子

只是回答可能会让孩子产生依赖，而不再自己思考，家长可以用反问的方式引导孩子思考问题。

这个我还真不清楚，我们一起查一下好不好？

爸爸，蝉是从哪里发出声音的呢？

3.自己不会时如实相告

孩子的问题千奇百怪，很多时候家长根本不知道答案，这个时候应该如实告诉孩子，也可以和孩子一起查阅资料，切忌敷衍了事。

孩子上课不认真听讲怎么办

七八岁的孩子都已经上小学了，很多家长开始十分关注孩子的学习状况，只要孩子开始上学，孩子的学习就是全家最重视的一件事情。但是，很多孩子却并不会让家长省心，他们在课堂上不认真听讲，总是做一些小动作，或者是两个孩子小声聊天，影响自己甚至是周围同学的学习，结果成绩可能也不会很好。家长就难免有些着急，学习这么重要的事情，孩子为什么不肯认真对待呢？

七八岁的孩子，已经有了一定的自我控制能力，可以初步控制自己的情感和动作等，但是孩子的年龄还小，这种自控能力也十分有限，因此常常有不稳定的现象，孩子容易受到其他事物的影响而分心。这是孩子在这个年龄阶段的整体特点，所以，想要让孩子全神贯注地听完一节课是十分困难，甚至可以说是不可能完成的任务。

小熙是小学二年级的学生，成绩一直在班里的中下游，爸爸妈妈平常在家都会给孩子补习一下，但是效果也并不是很好，偶尔提升一点，但不会有很大的进步。于是妈妈就到学校找了小熙的老师，希望从老师那里了解小熙在学校中的状况。

老师对小熙的妈妈说，小熙在上课的时候几乎没有一节课会认真听讲，总是有做不完的事情。除了偶尔有一些小熙可能感兴趣的课，小熙会听上几分钟不走神之外，其他的课很少端坐在凳子上好好听讲，有时一整节课都不会听。总是看看这边，看看那边，窗外要是有只小鸟什么的，小熙能看上好几分钟，直到小鸟飞走。桌上的文具也能玩上半节课。老师看到了会批评他几句，小熙就老实一会儿，但是接着又会被别的东西吸引，就是不听课。

了解到这些，妈妈就开始想办法，先找小熙谈话，告诉他不认真听课的坏处，小熙也听得很认真。然后妈妈说只要小熙每天认真听课，周末就会带他去游乐园，小熙开心地答应了。但是坚持了没两天，小熙就又开始走神了，每次都要老师喊他，他才会回神。

很多家长知道孩子在课堂上不认真听讲的时候，都会觉得是孩子还不知道学

习的重要性，因此，总是苦口婆心地对孩子讲学习的重要性，学不好会怎样……不断在孩子耳边讲要认真听讲。但是孩子总是做不到，上课的时候总是小动作不断，就算不做小动作了，看着黑板，但是思想早已经飘远了。这个时候，有的家长就怀疑孩子是不是有什么病，或许是多动症之类的。然而，家长却并没有问清楚孩子为什么不愿意听讲。

如何让孩子认真听讲

不管是什么原因，孩子如果不认真听讲，对孩子的成长是极为不利的。因此，家长要加强与孩子的交流，了解孩子不认真听讲的原因，采取有效措施，引导孩子认真听讲。

我长大了要开飞机!

这很厉害啊，不过想要开飞机要学会很多东西才行，这就需要你好好学习哦。

1.发掘学习兴趣

兴趣是最好的老师，家长可以告诉孩子知识的用途，或者是让孩子感受学习成功的兴奋感觉等，让孩子爱上学习。

2.培养注意力

通过一些需要注意力持久而集中的活动培养孩子的注意力，比如让孩子穿珠子、捡弹子、玩皮球等，锻炼孩子的注意力。

你看，这个图形像不像太阳呢？太阳是什么形状的？

3.给孩子补习

如果孩子基础差，听不懂老师讲课内容，自然就不会认真听讲。这时，家长可以多给孩子补补课，孩子成绩提高了，能赶上老师的节奏了，自然会认真听课。

至于孩子不愿意听讲的原因，在本节前面已经说过，这与孩子这个年龄阶段的心理特征有关，这个时期的孩子自控能力差是一个主要的原因。另外，老师不可能照顾到全班所有的同学，势必会有一些学生很少受到老师的关注，加之这个时期的孩子有着很强的表现欲，希望别人注意到自己，因此，孩子可能就会采取不认真听讲而是做一些小动作的方式，希望老师关注到自己。老师批评孩子，在孩子看来也是老师注意到了自己。

当然，老师的课也可能正好是孩子不感兴趣的内容，或者是孩子不适应老师的讲课方式，甚至是孩子不喜欢某一个老师，连带着也就不喜欢这个老师的课了。就如同心理学上的不值得定律一样：不值得做的事情，就不值得做好。这个定律反映了一部分人做事的一种心理，就是如果从事的事是一份自己认为不值得做的事情，往往就会敷衍了事。孩子听讲也是一样，孩子对老师所讲的内容不感兴趣，或者觉得没什么用处，孩子自然就不会认真对待。

上面所讲的是孩子可能不认真听讲的原因，家长只有找到孩子不认真听讲的原因，才能找到相应的解决方法，做到有的放矢。

孩子写作业总是故意磨蹭

上学的孩子都是有家庭作业的，但是这个家庭作业却让家长十分头疼，有的孩子写到晚上要睡觉了还写不完，有的还需要家长陪着熬夜才能完成。可是，家长也都清楚，老师不可能布置非常多的作业，故意让孩子写到很晚。很大的原因是孩子写作业的速度太慢。有的家长说，作业量正常的话应该半个小时就能完成，但是自己家的孩子却要到晚上9点才能写完。

为什么孩子写作业的速度这么慢呢？有的孩子确实是因为自己本身的基础太差，很多知识都没有学会，自然作业也不会做，速度也就慢了。另一方面，这个年龄阶段的孩子还没有时间的概念，不知道一分钟、十分钟等这些时间单位所代表的时间到底有多久，让他们半小时做完，他们却不知道半小时有多长，于是就在磨磨蹭蹭中耽误了不少时间。也有的孩子是天性好动，无法将注意力集中到一处太长时间，写作业的速度也就慢下来了……这些都可能是孩子写作业慢的原因，还有的孩子是有能力在短时间内完成的，但是，他们却故意磨磨蹭蹭，非要花上多倍的时间来完成。

小凯每天的作业似乎总是特别"多"，常常写到晚上八九点钟还写不完。妈妈一般都是在忙些家务，偶尔看一下小凯的进度，所以，也并没有十分上心。

有一天妈妈早早完成了家务，就坐在一边看小凯写作业，结果小凯写作业的时候，桌子上摆着他的变形金刚，小凯写几个字就要玩上一会儿，妈妈把变形金刚拿走了。小凯还有别的"玩具"，他要不拿着尺子比画几下，要不就是抠抠橡皮，要不就是在纸上画奇怪的东西。总之，就是不好好写作业。

可能是妈妈在旁边的缘故，小凯写得更慢了，都九点多了还没有写完。妈妈有些生气了，把小凯的文具都扔到地上，只留下作业本和小凯手里的一支笔，对小凯说："我说你怎么写这么慢，就是这样磨蹭的是吧？故意不好好写，就知道玩！"小凯没想到妈妈把自己的东西都扔了，有些害怕，但是还是生气地对妈妈说："早写完干什么啊？写完了还是要学习，你都不让我玩，我现在玩玩怎么了！"

故事中的小凯就是典型的故意磨蹭，明明会做而且可以很快写完，但是他就是不肯好好写，总是一边玩一边写，写完的时候也差不多该睡觉了。那么，孩子为什么故意磨蹭呢？这真正的原因，还是要从家长身上找。

现在的孩子多是独生子女，家长对孩子百般宠爱，希望孩子能让自己感到骄傲，难免会有望子成龙、望女成凤的想法，不想让孩子落后于别人。因此，十分重视孩子的学习，生怕孩子学不好，就给孩子各种任务，占据孩子太多时间，这个年龄的孩子正是爱玩的时候，他们也想早早完成作业出去玩。但是家长却"见不得"孩子玩，觉得孩子是在浪费时间，不如拿来学习。于是，孩子做完老师的作业，还会有很多爸爸妈妈布置的作业要做，根本没有玩的时间。

这时，七八岁的孩子就会有自己的对策，既然不能玩，那不如慢点写，少写一点是一点。于是，就出现了孩子故意磨蹭的事情发生，这正是他们与家长对抗的一个对策。因为孩子虽然想要直接反抗，但是家长并不能理解他们，可能还会批评他们。因此，孩子就用磨蹭、拖拉、找理由等消极的做法来应付、抵制、抗议甚至发泄对家长的不满。

因此，家长在埋怨孩子写作业慢的时候，不妨先检讨一下自己的行为，是不是给孩子过多的压力了？如果是，不妨给孩子解解压，让他们在写完作业之后有点自己的时间，这样孩子可能就不会故意磨蹭着写作业了。

巧妙应付孩子的故意磨蹭

你是多少作业啊，这么晚了还没写完!

1.注意方式方法
当孩子做作业故意磨蹭的时候，家长千万不要意气用事，一味地责骂，这样只会适得其反。要注意总结方式方法，慢慢改正孩子做作业磨蹭的坏习惯。

妈妈，我写完作业了。

这次这么快呀，那你可以出去和小朋友玩了。

2.合理安排孩子的时间
给孩子娱乐时间。只要做完老师布置的作业，剩余时间就交给孩子安排，这样孩子就会抓紧时间完成了。久而久之，孩子就会改掉磨蹭的坏习惯。

孩子为什么这么马虎

很多孩子在上课的时候明明非常认真，作业也都会做，老师上课提问也回答得很好，但是，一到考试的时候就不行，成绩每次都不理想。看到试卷的时候，家长难免有些傻眼：把加减乘除弄混了！有一道题目只做了一问就完了！试卷的反面孩子竟然没有看到还有题目！演算题目写着写着数字竟然变了！

很明显，并不是孩子不会做，而是孩子没有认真做，犯了马虎的毛病！于是每次考试的时候，家长都要提醒孩子，一定不要马虎；有的家长吓唬孩子说："要是再因为马虎考不好，就不让你上学了！"希望让孩子提起精神；也有的家长不断惩罚孩子，只要做错了就罚孩子抄试卷。但是，这些方法并不能杜绝孩子马虎的问题，下次考试的时候，孩子还是照样犯这种低级错误。

子萱是个非常聪明的孩子，老师讲的内容总是非常快就能记住，对于数学也是，老师一讲她就能会做，在家里家长也常常考她，每次子萱都能对答如流。但是，就是这样一个聪明的孩子，考试的成绩却并不理想，也考不到班上的前几名。

每次考完试，妈妈都会问子萱感觉怎么样，子萱都说没问题，题目自己都会做。但是成绩一出来，子萱就傻眼，拿着试卷给爸爸妈妈看，爸爸妈妈也只是摇头，拿着她出错的题目接着再问她，子萱都能解答出来。但是，试卷上子萱不是空着一道题，就是写字的时候多写一画或是少写一画，这样就算错了。有一次，子萱竟然整个试卷的背面都没有做，爸爸妈妈问她怎回事，子萱说忘了试卷反面还有题目！就是这样的一个"小马虎"，怎么可能会考好呢？

妈妈觉得这样对子萱以后的学习肯定有很大的影响，就决定帮助子萱改掉马虎的毛病。于是，每次考试的时候，妈妈都在子萱的文具盒上贴上一张纸，上面写着"不得马虎"。但是似乎并不怎么管用，每次考完子萱还是会出错。于是，每次出错，妈妈就看着子萱把这些错题抄写十遍，让她能记住。

然而，到了考试的时候，子萱还是会马虎。妈妈真的是苦恼极了，不知道什么方法才能管用呢？

孩子一到考试就马虎的毛病，确实让很多家长烦恼不已，就像故事中的子萱的妈妈，虽然想了一些办法，但是并没有什么效果。那么，到底是什么原因让孩子在明明会做的题目上出现马虎大意的情况呢？其实，孩子的马虎，是一种十分复杂的心理现象，有着多方面的原因。

❤❤❤ 马虎要不得 ❤❤❤

马虎会让孩子做错很多事情，不仅仅是在考试中出错，在日常生活中也可能会出现丢三落四的毛病。因此，家长应该及时找对原因，找到相应的方法，帮助孩子摆脱马虎的习惯。

> 这个字这么多比画你竟然一点也没有写错，真是细心啊。

1.运用正强化

孩子在马虎的时候，家长不要说他，而是忽略，反而在孩子偶尔细心的时候马上表扬他，强化孩子的细心，慢慢地孩子就会朝着细心的方向发展了。

> 把这次做错的题目都要抄在错题本上才行。

2.建立"错题档案"

想要真正解决孩子考试中的马虎问题，就要把孩子经常出错的地方找出来，把错误频率统计出来。要做到这一点，就要给孩子建立一个"错题档案"。

> 这些都是你的袜子，以后你要自己整理，如果弄错了妈妈不会负责哦。

3.培养责任心

在孩子有一定能力之后，就让孩子对一些事情负责，比如自己整理自己的东西等，让孩子逐渐有责任心，顺便改掉孩子丢三落四的毛病。

当然，性格和态度是造成这个年龄阶段的孩子马虎的主要原因。孩子在七八岁的时候，性格会比较急躁，在考试的时候，会控制不住自己的这种急躁的性格，就像是有人在后面赶着自己一样，使得他们匆匆忙忙地做完试卷，这样的情况下难免会出现错误。另外就是孩子的态度，由于年龄的关系，孩子做事的时候没有责任心，不知道学习是为了自己学，反而把学习当作完成家长或是老师的任务一样对待。在这样不端正的态度的驱使下，孩子就会敷衍了事，差不多做完就算了，就算出错也满不在乎。

当然，除了孩子的性格和态度之外，家长的态度和做法对孩子也是有影响的。很多家长因为想要让孩子学习好，就不断给孩子施压，却忽略了孩子的年龄太小，承受不了这样的强压，因此，在考试的时候，孩子就会感到紧张，害怕自己考不好会被家长惩罚，因此无心做题，这样的状况下，肯定会出现问题的。

孩子的年龄还小，家长及时纠正，一定能帮助孩子改掉这个坏习惯。但是，也正是由于孩子的年龄小，想要纠正这个坏习惯，就需要家长高度的责任心和耐心，通过细致的、艰难的、反复的工作，帮助孩子改正。切忌责骂孩子，更不要一直对孩子说"你太马虎"。否则孩子就会认为自己是马虎的，甚至以这个为借口来推脱考不好的责任。想要解决孩子的马虎问题，家长必须要根据上文中提到的原因，找到自己孩子马虎背后的原因，对症下药，帮孩子摆脱马虎的困扰。

重视孩子的逃学问题

七八岁的孩子基本都已经上学了，在平常，孩子应该是在学校上课，但是很多孩子在本该上学的时间却在家里或者其他地方玩耍。有的家长知道，有的家长根本不知道，孩子自己偷偷就不去上学，可能是一两节课，也可能是半天或一天甚至更长时间。这种旷课、逃课的情况都属于孩子的逃学行为。

孩子的逃学行为，已经算是比较严重的问题了。孩子不去上课，不仅仅是没有

办法学到知识，更主要的是有的孩子会自己偷偷出去，这样在家长和学校都无法监管的情况下，孩子的安全就得不到保障，万一遇到危险或者坏人，后果不堪设想。

小伟原本是个非常聪明，学习成绩也比较不错的孩子，在读到小学二年级的时候，老师却发现，小伟的学习状况发生了改变，成绩开始逐渐下滑，老师就开始多关注小伟。结果老师越关注，对小伟越严厉，小伟的情况更多了：小伟经常不来上课，因为学校大门非上学、放学时间不会开门，所以小伟也出不去，就躲到学校的某个地方玩一两节课再回来。后来，整天都不来，但是小伟的妈妈会给他请假，说小伟生病了。

这样的次数多了以后，妈妈也觉得奇怪，为什么小伟总是生病呢，就带小伟去医院，但是也查不出什么原因来。有时在家好好的，妈妈送小伟去学校，一到学校门口小伟就说肚子疼或是头疼的，妈妈只好和老师请假再把小伟带回来。反复几次之后，妈妈就觉得不对劲，查不出什么病，却每次到学校就犯病，这一定有问题！有一次小伟又在校门口说肚子疼，妈妈就不管，强行把小伟送到班上，结果老师检查作业时，发现小伟没有完成。经过长时间观察，原来小伟只要不完成作业，就会"生病"逃学。

很多孩子就跟故事中的小伟一样，只要上学就会"生病"，有的是在装病，有的孩子却真的会出现呕吐、发烧等症状，只要知道不用去上学了，病也就自然好了。这其实是儿童逃学综合征的一种表现。当然，并不是所有的孩子逃学，都会出现儿童逃学综合征。这个年龄的孩子出现逃学行为，是很多原因造成的。家长想要让孩子不再逃学，就要找出他们逃学的原因，然后联合老师，采取恰当的方式方法，解决孩子的逃学问题。

具体来说，孩子逃学有以下几种原因：

一是这个年龄的孩子大多活泼好动，遇到比较感兴趣的事情，加上其他小朋友的怂恿，孩子就会放弃学习出去玩了。二是七八岁的孩子心理承受能力差，有时与同学出现矛盾或者被老师惩罚等，就会给孩子造成心理阴影，从而恐惧去学校。三是孩子本身成绩差，家长或是老师不断施压给孩子造成心理负担和精神压力，使得孩子对学习失去兴趣，从而出现逃学行为。另外，这个年龄的孩子分辨是非的能力差，很容易受到诱惑而迷失方向，比如他人对孩子进行挑唆，孩子不辨是非，受到诱惑，从而逃学。

孩子逃学的行为虽然令家长们十分头疼，但是，家长也不要看到孩子逃学就不分青红皂白地批评孩子、责骂孩子。要知道七八岁的孩子正处于一个叛逆期

改正孩子的逃学行为

孩子的逃学行为对孩子有害而无利，家长一定要重视，但是却也不能只是责怪孩子。家长不妨试试以下几种方法：

1.采取"冷处理"

与其对孩子拳脚相加，让孩子更加叛逆，不如平息怒火，跟孩子谈谈心，找出动机和原因，继而对孩子讲讲道理，进行积极引导。

> 关于为什么今天没有去上课，我们找个地方谈一下好吗？

> 妈妈，我出去玩了。

> 去吧，天黑前要回来啊。

2.给孩子自由支配的时间

孩子逃学目的就是为了玩，或者是满足其他兴趣爱好，比如绘画等。因此，家长平常不如多给孩子一些时间自由支配，孩子得到了满足自然就不会逃学了。

> 以后不准和他玩！

3.注意孩子交友对象

如果孩子交到了爱逃学的朋友，很有可能会受到不良影响。因此，家长一定要注意孩子的交友对象。

内，如果家长这样做，只会增加孩子的厌学情绪和逆反心理。所以，家长应该弄清楚原因，耐心教导，逐渐把孩子从逃学的坏习惯中拉回课堂。

学习偏科的孩子有很多

孩子上学之后家长会遇到非常多的问题，孩子的偏科问题令家长十分苦恼。小学期间，孩子们主要学习语文、数学和英语三大科，其他一些课程，比如美术、音乐等，在期中和期末考试中并没有占分数，因此，家长都把语数外三门课看得很重。虽然孩子还不用像初、高中生一样学习那么多的课程，但是小孩子也是有自己的喜好的，因此，在这三门功课中，孩子也会出现偏科的现象。

小学是孩子学习的开端，是孩子能否打好基础的关键时期，无论是汉字还是简单的数学运算，抑或者是英语的口语，都会影响以后的学习。也正是因为这样，小学时期如果偏科的话，就会影响孩子以后的全面发展。很多家长都没有办法接受孩子的偏科现象，但是，这种现象确确实实存在着，并困扰着很多的家长。

茜茜上小学二年级了，平常也算是听话的孩子，回家吃完晚饭就会安安静静地写作业，不用家长督促也能很好地完成。周末的时候还会主动要求爸爸妈妈带她去书店买一些辅导书，没事就在家看看书，因此，茜茜的成绩总体来说还算不错，语文和英语每次考试都在95分以上，但是数学却从来没有上过80分。虽然整体还算可以，但是很明显，茜茜的数学弱一点。

茜茜的爸爸上学的时候数学很好，因此在家会给茜茜讲讲数学，但是茜茜似乎并不喜欢学数学，自己买的辅导书里面也并没有关于数学的。爸爸对茜茜说只有数学学好了，长大了上了初中和高中才能更好地学好其他的科目，比如将来要学习物理和化学，这些都与数学有关系，就算是地理也会用到数学的知识。但是，茜茜每次都说："数学太难了，也不好玩，我才不喜欢学呢。"

看着茜茜这么不愿意学数学，爸爸担心将来影响茜茜的成绩。爸爸就找茜茜

怎么应对孩子的偏科现象

偏科是很多孩子都会出现的现象，有的家长软硬兼施却也并没有什么效果，孩子似乎就是不愿意学某一科。对此，家长可以采用以下几种方法，帮孩子不再偏科。

> 你看，你两门课都学的很好，都是班里第一名，就因为英语没学好，一加上英语你就成了第六名了。

1.认识偏科的危害

　　告诉孩子"木桶定律"，让孩子知道偏科的危害，让孩子自己重视起来，尽快将自己那块短木板补起来。

> 这次的数学提高了5分，真厉害，再学一下就能考得更好了！

2.多鼓励孩子

　　对于孩子的薄弱科目，只要孩子有一点进步，家长就及时鼓励孩子，帮孩子树立自信心，时间长了，孩子就会认为自己能学好。

> 老师，你看我们家小霞的英语发音不会，就是不爱学，这可怎么办呢？

3.与老师联手

　　积极与老师沟通，告诉老师孩子偏科的原因，请老师对孩子进行鼓励和帮助。

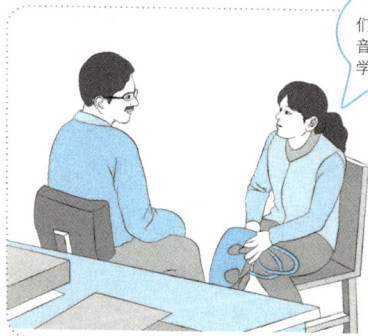

的数学老师了解一下情况，并希望以后老师多提问茜茜，督促她学习。但是，这似乎并没有什么好的作用，反而让茜茜更加反感，说老师总是"针对"自己，不喜欢老师了，数学成绩没有提升反而降低了不少。

很多孩子在做作业的时候，就会表现出对某一科感兴趣，对另外一科不感兴趣，做作业的时候故意磨蹭，或者做得很潦草、马虎。孩子出现这样的情况的时候，家长就应该引起注意，很有可能是孩子开始偏科的征兆。

只要及时发现孩子偏科的问题，积极引导，孩子还是可以及时补上去的。家长在发现孩子出现弱势科目时就积极正确引导，找到出现弱势科目的原因，避免弱势科目发展成为偏科。而对于已经偏科的孩子来说，只要在思想上重视起来，及时补救还是来得及的，毕竟孩子才刚刚上小学一二年级，很多东西都比较基础，只要找到偏科原因，对症下药，就能将孩子从偏科的道路上拉回来。

叛逆的孩子总是和老师对着干

孩子在七八岁的时候，大部分时间是在学校中度过的，而在学校中，孩子接触最多的，除了自己同班的学生就是老师了。孩子在小的时候，总是对老师有着莫名的崇拜，很多孩子不听家长的话，却对老师言听计从。但是，七八岁的孩子却让老师有些头疼，有一部分孩子专门跟老师对着干。

而老师并不像孩子的家长一样，每天面对一个孩子就可以了，老师要面对的是全班同学，还要顾及课程讲解，因此，很多老师在遇到学生与自己对着干的时候，往往会缺乏耐心，对孩子进行简单的批评教育。也有的老师会认为孩子在全班面前挑战了自己的权威，让自己在学生面前有些难堪，于是就火冒三丈，狠狠惩罚孩子，或者到班主任和家长面前告状，想要压制住孩子。

　　小杰是班里出了名的捣蛋鬼，专门跟老师对着干。老师让往东，他就偏偏往西去；老师让做练习，他偏要大声读书……就是不肯好好听老师的话。他每次捣乱，老师都会批评他，但是小杰就是不改，还是照样和老师唱反调。有时，老师的惩罚有点重时，小杰就会报复老师：上课前跑到讲台上把粉笔全部折成很小很小一段一段的；老师正讲着课的时候，小杰忽然大声打嗝，惹得同学都哈哈大笑，等等。

　　有一次上班主任的语文课时，老师让大家先读一下课文，找出生字词。所有的小朋友都在认真读课文，小杰忽然很大声音地从凳子上摔了下来，还把课桌上的书本文具都弄下来了，大家听到声音都停止了读书，老师也赶紧过来查看他有没有摔伤。小杰还故意发出呻吟声，好像摔得很重的样子，老师说赶紧到医务室看一下，说着就想带小杰去。小杰赶紧收起呻吟声，说："没事，没事，大家该干吗干吗，我就是试试这凳子结不结实。"气得老师让他站着听课。

　　但是小杰站着也不老实，把手里的橡皮抠成一点一点的，扔到前面的女同学的头发里，就像是在投篮一样。前排女生受不了了就告诉老师，老师的讲课又被打断了，小杰还是一副笑嘻嘻的样子，一点也不害怕。老师生气地用课本敲了小杰的背一下，小杰却忽然大声说："你这是体罚学生，我要告你去！"

　　小杰的家长也知道小杰总是跟老师对着干，妈妈也经常教育小杰要听老师的话，但是并没有什么作用，小杰还是我行我素。

　　孩子这样与老师对着干，就跟反抗自己的家长一样，很有可能是孩子想要引起老师的重视。前面也说了，老师要面对的是全班所有的学生，不可能面面俱到，肯定有些孩子是老师平常比较少关注的，而老师的关注与重视，是孩子最大的心理满足。当老师不关注自己的时候，孩子就会觉得有些伤自尊，七八岁的孩子正是自尊心十分要强的时候，为了引起老师的注意，孩子就会通过针对老师的抵触行为来实现。

　　从这里可以看出，孩子与老师对着干的行为，不能把全部的责任推到孩子的身上，有很大一部分原因是在老师的身上。有些老师的教育方式是孩子不能接受

的；或者是老师对孩子提出的要求并不恰当，让孩子产生反感；也有的老师因为批评孩子的方式不恰当，让孩子怀恨在心，继而开始与老师对着干。

不管是基于什么样的原因，当孩子与老师对着干的时候，家长不要只是想着教训孩子或者惩罚孩子，这样会让处在叛逆期的孩子加重对抗的情绪。而是应该多与孩子进行心灵沟通，弄清楚孩子对抗老师的真正原因，然后找出相应的方法，让孩子的抵触情绪逐渐消除。

正确看待孩子对老师的抵触

孩子到了七八岁都会经历一段叛逆的时期，有的孩子会对家长有抵触情绪，有的孩子会对抗老师，而孩子对老师如果有抵触情绪，就很难学好这门课程。因此，家长应该积极进行引导。

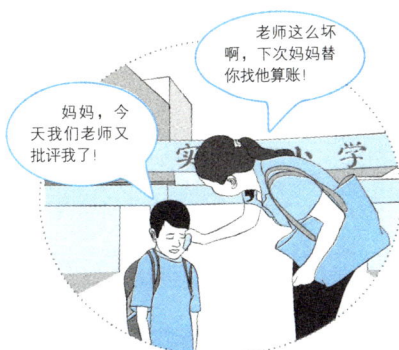

> 妈妈，今天我们老师又批评我了！

> 老师这么坏啊，下次妈妈替你找他算账！

1.不要一味偏袒孩子

有的家长过于溺爱孩子，看到孩子受委屈就会跟着孩子一起骂老师，这样孩子就不会认识到自己的错误。

> 自己爬起来，这样才是勇敢的孩子。

2.提高孩子抗挫能力

有的孩子是因为受到老师批评而进行报复，因此，家长一定要提高孩子的抗挫折能力。

> 你可以把对老师的意见都写下来，然后放在老师的办公桌上，这样老师就知道你的委屈了。

3.教给孩子如何提意见

有的孩子是因为对老师有意见就跟老师对着干，家长可以教给孩子一些提意见或建议的策略与技巧，鼓励孩子对老师说出自己的想法。

第三篇 青春叛逆期：我的青春我做主

12～18岁是孩子的"心理断乳期"，即"青春叛逆期"。这期间，随着孩子身体的发育、知识和阅历的增加，他们的自我意识不断增强，渴望摆脱对家长的依赖，极易对家长产生"逆反心理"而不服管教。作为家长如果不了解青春叛逆期孩子的独特心理特征，就很难帮助孩子消除青春期的烦恼，无法与孩子融洽相处。

第一章 青春叛逆期孩子的性格、心理变化

青春叛逆期的孩子容易思想偏激

偏执是青春叛逆期孩子中比较常见的现象，这种行为主要表现为孩子比较认死理，只要是自己认定的事情，就不会轻易改变。而且无论是什么样的事情，在什么场合，孩子都会认为自己是正确的，别人如果与自己想法、做法不同的话，一定是别人错了。所以，这些孩子做事绝对化，很容易走极端，还不听别人的劝告。

青春叛逆期的孩子侧重于感性思维，喜欢凭感性做事，因此，比较容易出现做事偏激、固执的情况，有时还会做出一些很冲动的事情。其实，世界上的任何事情的发生发展都是有一定逻辑的，如果孩子在日常生活中多用理性思维去思考问题，做事就不会如此偏激了。比如，一个同学考试的时候没有考好，他就觉得十分丢人，感觉大家都在看他，在笑话他、议论他。因此走路的时候都不敢抬起头来，在很多人面前也不敢说话了。其实，这就是他自己的思想太过偏激了。如果理性一点思考，就会明白：有谁会整天没事干天天看你呢？如果有其他同学一次没考好，自己会不会整天关注他呢？事实上，没有人有这个闲情逸致，整天盯着别人看。所以，只要孩子能够理性地想一下，心结就能打开，也就不再偏执了。

琳琳正在读初中二年级，熟悉她的人都知道她的想法和做事风格都十分偏激，因此，没有人敢招惹她，自然，在学校中，琳琳也没有自己的好朋友。

琳琳读小学的时候，成绩非常好，在家也很听话，出门的时候经常听到大家的夸奖。但是自从升入初中之后，琳琳就变得跟个刺猬一样，只要靠近她就会被她刺伤，而且琳琳的学习成绩也下滑不少。为此，妈妈经常在琳琳放学后问问她的学习状况，这时琳琳就会生气，大声对妈妈说："你是觉得我不够用功吗？你要是觉得我不努力，你就自己学啊。要不就别管我！"

有一次，在学校里，一个女生走到琳琳坐的位置时正巧吐了口痰，琳琳觉得她一定是故意的，是看不起自己，所以马上站起来就开始质问那个女生："你这是什么意思？你凭什么这么对我？"对方还不清楚琳琳为什么这么问，就说："你发什么神经啊，我怎么了？"琳琳就开始动手打架，后来被来上课的老师拉开才算完了。老师问她们为什么动手，琳琳说那个女生骂自己是神经病。

琳琳这就是典型的偏执，这种思想在青春叛逆期躁动不安的心理因素的刺激下被放大，成为易爆的火药库。别人一个无意的动作，或者别人无意的一句话，都会在琳琳这里被无限放大，甚至因此而引发一场争斗。

青春叛逆期是孩子由少年向青年过度的一个重要的时期，在这个时期内，孩子的生理、心理都会有很大的变化，孩子的情绪变化和心理波动也比较频繁。如果家长不及时去关注孩子、引导孩子，孩子可能就会因此而患上各种各样的心理障碍。偏执是青春叛逆期孩子典型的心理障碍之一，因为在这一阶段，孩子思想上有了一定的独立性，对很多事情都有自己的想法和看法，但是对于思想相对不成熟的孩子来说，他们的思想和做法，难免都有点固执和偏激。

因此，家长一定要对孩子的各方面都多关注，发现苗头不对就应该及时引导。很多家长非常注重孩子的吃喝或者穿衣打扮，但是却很少关心孩子的心理健康。因此，家长一定要在关注孩子衣食住行等方面的同时，多关心孩子的心理健康。

如何对待性格偏执的孩子

性格偏执的孩子最需要的就是心理上的开导和引导，只有家长给予孩子足够的认同和理解，孩子才会和家长站在一起思考，这时家长用正常的思路来引导孩子，孩子也一定能走上正轨。

> 有什么不开心你都可以和妈妈说，妈妈说不定可以给你好的建议呢。

1.倾听孩子

> 你今天很漂亮啊，别人都忍不住看你呢。

2.给孩子积极的暗示

性格偏执的孩子，心里总是会有莫名的烦恼，他们需要向人倾诉，而家长无疑是最好的倾诉对象。

积极的暗示能让人朝着积极的方向发展，而且在某些情况下比直言相劝效果更好。

在遇到一些问题的时候，多听听孩子的想法，对孩子的行为多一些理解，这样可以和孩子靠得更近一点。只有靠得近了，才有机会和孩子更好地沟通，从而找出解决问题的办法。

孩子情绪总是大起大落

很多家长会发现，孩子进入青春叛逆期以后，情绪变化非常多，而且常常是一段时间非常低落，对什么都不愿意理睬，但是几天或者一段时间之后，孩子又像是变了个人一样，又变得十分阳光爱笑了，也不会动不动就生气了。这样两种极端的性格，孩子似乎驾驭得游刃有余，就像是有一个固定的"发病期"一样，时间一过，自己就好了。

面对孩子的这些情绪变化，很多家长都会显得手足无措，既不知道是什么让孩子萎靡不振，也不知道又是什么打开了孩子的心扉，让他们从易怒的小狮子变成了温顺的小绵羊。孩子好的时候固然是好，但是孩子在"心情低落期"时就很难相处，这样不但会影响到他们的学习和生活，还会影响到与他人的关系。再者说，孩子的情绪这样大起大落毕竟不是一件好事，因此，很多家长希望能帮助孩子改正，但是又不知如何下手。

青春叛逆期孩子的这种情绪起伏表现在心理学上被称为"情绪周期"。它反映了人体内部的周期性张弛规律，也叫作"情绪生物节律"。有人认为这种周期性的情绪变化是一种精神问题，其实不然。这种周期性的变化只是孩子正常的生理心理现象，就如同人的智力和体力一样，都具有周期性的变化规律。

小冰自从进入初三之后，妈妈就觉得有点受不了小冰的坏脾气了，可是你说她脾气坏呢，有的时候小冰又非常听话，还会和妈妈交交心，一块儿出去逛逛街。但是可能上午才一块儿出门了，玩得也开心，但是到了下午小冰就会"翻脸不认人"，对妈妈十分冷漠。

前几天小冰要期末考试，小冰每天回到家吃完饭就看书，每次考试的时候，她都会这样积极准备。但是，不只是她紧张，全家都会紧张，爸爸妈妈倒不是怕小冰考不好，而是这几天小冰就像个刺猬一样，见谁就刺疼谁。有天回家，妈妈下班晚还没有做好饭，小冰一看桌子上没有吃的，就开始"咆哮"："怎么回事啊，想要饿死人啊？"妈妈说一会儿就好了，但是小冰用力把水杯往桌上一放，就到自己房间看书了。等妈妈做好饭，让小冰出来吃饭的时候，小冰没好气地说："不吃！你净耽误事！"

爸爸妈妈觉得小冰马上就考试了，也不想刺激她，就顺着她一点，也没有怪她，本想着等她考完再说。可是，还没考完呢，小冰忽然就变得温顺了，回家对爸爸妈妈说话也不板着脸了，妈妈说什么也开始听了。这下轮到爸爸妈妈大眼瞪小眼，不知道该如何做了。

其实，小冰这种大起大落的情绪是青春叛逆期孩子的情绪特点之一，青春叛逆期孩子的情绪有三个特点：

一是情绪体验迅速。也就是说，这个时期的孩子很不稳定，情绪来得快、去得也快。

二是情绪活动明显呈现两极性。他们的情绪活动很容易由一个面转换到另一个面，甚至由一个极端转换到另一个极端。

帮助孩子调节情绪

青春叛逆期是孩子们心理波动比较强的时期，在这期间，孩子的心理承受能力也比较差，一些小事也可能会引起他们过激的行为，所以，家长应该多帮孩子认识自己的情绪，管理自己的情绪，让其保持稳定的心境！

1.不要给孩子过多压力

压力太大是造成孩子情绪起伏的原因之一，因此，家长不要再给孩子过大的压力，应该多鼓励孩子。

> 出去运动一下吧，不要一直学习。

> 没事，哭出来会好受一些。

2.鼓励孩子宣泄情绪

青春叛逆期的孩子十分敏感，也很脆弱，家长不要强迫孩子坚强，在孩子有情绪的时候，应该让孩子尽情宣泄，比如通过运动、大哭等方式。

> 这次没考过王红，是因为她太努力了，只要你也努力，下次一定能超过她。

> 对，我一定要更加努力。

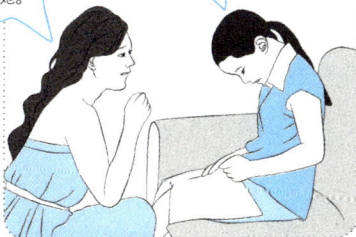

3.引导孩子学会控制情绪

比如采用自我暗示、自我激励、心理换位等方法，将消极情绪与头脑中的闪亮点结合起来，将不良情绪转换为积极的行动。

三是情绪反应强烈。在情绪冲动时，理智控制作用减弱，很容易做出不计后果的过激行为。

情绪的强烈和不稳定，正是处于青春发育期的孩子身上普遍存在的现象。当然，这与孩子所面临的压力和挑战有很大的关系。青春叛逆期的孩子正处于学习的关键时期，本身课业负担就非常重。而这个时期他们的身体开始发育，特别是性方面的发育和成熟，使得孩子积蓄了大量的能量，容易过度兴奋，等等。青春叛逆期孩子的大脑和神经机制还没有发育健全，调节能力较弱，面对多方面的刺激和压力，孩子很容易产生心理上的不平衡感。孩子还没有学会掩饰和控制自己的情绪，常常喜怒皆形于色，这样的情况下，情绪就显得忽高忽低，特别不稳定了。

虽然说情绪不稳定是青春叛逆期孩子的普遍心理状态，但是情绪波动往往会给孩子的生活带来一定的影响，而低落的情绪则容易使人生病，危害孩子的身心健康。所以，在孩子的成长过程中，让孩子保持一种稳定而良好的情绪，是家长应该重视的问题。

青春叛逆期的孩子如此冷漠

孩子在进入青春叛逆期以后，随着自身认知水平的不断提高，孩子对身边的人和事物都有了自己的看法和主见，而且这个时期的孩子往往有点以自我为中心，喜欢自作主张，还不听规劝，不服管教，这就是典型的青春叛逆期孩子的表现。青春叛逆期孩子的叛逆对象一般就是管教自己的家长和老师，尤其是在和家长的相处中，这种叛逆尤其明显。有的孩子是"明目张胆"地和家长对抗，比如直接和家长顶嘴、吵架，等等，但是也有的孩子会用沉默寡言来对抗家长，而且对待家长的态度总是冷冰冰的。

另一方面，大多数家长在平常都十分关注孩子的衣食住行，感觉对孩子的关爱无微不至，但是却往往忽略了对孩子感情的关注。当孩子进入青春叛逆期以

后，很多家长都会发现，孩子和自己之间的对话少得可怜，那个以前总是缠着自己不放的孩子，现在变成了"冷面小姐"或者"冷面先生"。这种现象之所以会发生，不仅仅是孩子长大了，和家长的代沟变得越来越大了，更是因为家长忽略了孩子的成长，忽略了孩子的情感需要。孩子长大了，就会有自己的想法和情感，或许也会增添很多烦恼和心事，有时候这些烦恼和心事无处倾诉，孩子就会一直憋在心里，时间长了，孩子就会变得有些压抑，甚至越来越冷漠。如果这个时候家长主动关心孩子的情感需要，走进孩子的情感世界，帮助孩子排忧解难，或许孩子就会变得开朗、快乐起来！

燕秋是个初中二年级的学生，以前经常缠着妈妈带她出去逛街或者和妈妈到朋友家去做客，与妈妈的关系很好。但是这半年来，燕秋却对妈妈十分冷漠，没事基本不会和妈妈讲话，只有妈妈问的时候才会回答，而且是妈妈问一句，她回答一句，绝不会多说话。妈妈想要带她出门，每次她都会拒绝。

每天燕秋放学回到家就吃饭，在饭桌上几乎不说话，偶尔爸爸妈妈问些关于她在学校或者学习的事情，燕秋也是心不在焉地回答，要是问得多了，燕秋就直接放下饭不吃了，还说："整天问，烦不烦啊？"说着就回自己房间。在家里她就像个"幽灵"一样存在，整天不声不响的不说，还没有一个笑脸。

时间长了，妈妈心里就犯嘀咕了，这孩子是不是有什么心理疾病了呢？妈妈也知道孩子进入了青春叛逆期会有很大的变化，但是整天不说话也不笑，她还真害怕孩子得了什么心理疾病。但是有一天妈妈听到她在自己的房间打电话，听对话应该是和同学打的，结果燕秋不时地哈哈大笑，两个人说了半个多小时才挂电话。看来燕秋不是不说话不爱笑，是对着爸爸妈妈才这样的。妈妈总算放心了，知道孩子并没有什么心理疾病。但是，不免又有点伤心，为什么孩子对同学有说有笑，对自己就是张苦瓜脸呢？

例子中的燕秋对同学有说有笑，对爸爸妈妈却没个好脸色，就是典型的青春叛逆期叛逆心理的表现。他们内心还是亲近家长的，但是他们却又觉得自己长大了，很多事情和家长想法不一样了，如果和家长有过争执，使得孩子出现叛逆心理，但是可能由于自身性格原因，不能直接表达出来，就采用这种"无言"的对抗。

那么孩子为什么跟同学就有话说，也不板着脸了呢？那是因为孩子和同学是同龄人，有共同的语言和爱好，沟通起来也没有障碍，因此很多合得来的同学就会成为自己的知己，彼此之间无话不谈。这其实是青春叛逆期的一种自然现象，家长也不用太过介意。

如何应对孩子的冷漠

这个时期孩子的冷漠表明了孩子开始有了自己的看法和主张，说明孩子正在逐渐走向独立。但是这种冷漠却不利于亲子关系的融洽。那么作为父母该如何应对孩子的冷漠呢？

1.适当接受孩子的"冷漠"

2.尊重孩子

孩子长大有了自己的想法，这个时候家长就应该给孩子空间，让孩子独立去思考，适度容许孩子的沉默。

孩子已经长大了，对孩子说话的态度也要改变了，把孩子当作一个大人来对待，尊重孩子，多问孩子的意见，孩子受到尊重，自然乐于和家长沟通。

当然，给孩子独立的空间，尊重孩子的意愿，并不是说就不管孩子了，随便他们怎么做，而是从侧面积极引导孩子，给孩子关心和帮助，这样才有利于孩子走出心理困境。

青春叛逆期的孩子如此暴躁

青春叛逆期是青少年身心发育的关键时期，在这一时期内，孩子经常会表现出缺乏耐性、脾气暴躁的特点，甚至会对自己的家长、亲友、老师、同学等有侵犯性的言行举止。但是，家长也不要觉得是孩子变坏了，或者是孩子生病了，孩子的脾气暴躁，是青春叛逆期孩子的一种正常现象。

那么青春叛逆期的孩子为什么会出现这样的暴躁性格呢？

从生理学的角度来讲，科学家认为大脑前额叶皮层对感情、道德等情绪有一定的影响，并负责产生行动的神经冲动。青春叛逆期的孩子正处于大脑前额叶皮层的发育阶段，并且发育过程伴随着整个青春叛逆期。在发育的这一过程中，大脑内会发生一系列的化学变化。这种变化导致发育期的青春叛逆期孩子有感情判断失常、举止暴躁等表现。但是只要顺利度过这一阶段，这种行为就会自己消失了，孩子也就会恢复正常了。

从心理学的角度来讲，儿童心理学家认为，青春叛逆期是孩子自我意识发展的第二飞跃期，自我意识的突然高涨是导致孩子产生逆反心理的第一个原因。随着孩子自我意识的高涨，他们更倾向于维护好自己的形象，从而获得他人的认可和尊重。但是由于种种原因，往往事与愿违、屡遭挫折，于是孩子们的内心就会产生一股怨气，从而导致他们暴躁行为的产生。

小勇在读高中以前，一直是个十分乖巧的孩子，虽然不能说事事都听家长的，但是有什么事都会认真听取家长的意见。在学校里，小勇也十分受欢迎，从小就成绩很好，人也十分阳光，和同学们的关系都处得不错。

但是，就是这样一个阳光的男孩在升入高中就完全变了。原本成绩不错的他升到重点高中以后，班里的很多学生都是初中的佼佼者，大家都非常优秀，这样就显现不出小勇的优势了。这个时候，大家也不会只围着他转了，老师也不会那么重视他了。这让小勇有点不适应，因此，处处想要出人头地，但是并不顺利，反而和新同学的关系闹得很僵。

这样的情况下，小勇变得十分暴躁，经常为一点小事情就和同学吵架，有时还会大打出手，好几次都被老师叫到办公室进行批评。有一次还被请了家长。小勇的爸爸妈妈怎么也没有想到，自己乖巧的孩子会在学校里因为打架而被请家长。但是，不只是在学校里，在家里小勇也变了很多，总是爱发脾气，有时妈妈说他一句，他就冲着妈妈大喊大叫，有时还摔东西，家里好几个杯子都被他摔坏了。玩游戏的时候，甚至因为输了游戏把电脑砸坏了，气得爸爸动手打了他几下。

♥♥♥ 预防孩子的暴躁情绪 ♥♥♥

青春叛逆期的孩子产生不良情绪的原因有很多，但是不管是什么样的原因都有可能会让孩子的脾气变得暴躁。所以，家长要及时关注孩子的情绪问题，帮助孩子找到原因，及时排解不良情绪。

那是自然，不过，我可不会输哦。

到了球场上可不是父子了啊，我可不会让着你。

1.做孩子的朋友

如果家长以平等、尊重的心态对待孩子，就很容易和孩子做朋友，走进孩子的内心，了解孩子的情绪，这样有助于帮助孩子及时排解。

你不开心如果不想和妈妈说的话，就写到日记本中吧，只要写出来，心里就会轻松的。

2.让孩子学会倾诉

不良情绪压在心里容易出现心理问题，因此，家长要引导孩子倾诉自己，可以和家长、朋友、老师倾诉，也可以写在日记中，等等。

当然，给孩子独立的空间，尊重孩子的意愿，并不是说就不管孩子了，随便他们怎么做，而是从侧面积极引导孩子，给孩子关心和帮助，有利于孩子走出心理困境。

每次冷静下来之后，小勇也觉得自己做得不对，但是一遇到事情的时候，还是控制不住自己的脾气。

从上面的例子中不难看出，小勇的暴躁脾气就是在自我意识高涨下产生的。从文中可以知道，小勇以前成绩一直很好，因此很受大家的欢迎和重视，但是，升到重点高中以后，这种优势不复存在，因为每个人都很优秀。在这样的情况下，小勇就在心理上产生了一种强烈的失落感和不平衡感，可是在一时之间他不能改变这种状况，因此心中的怨气就会越来越多，使得小勇就像一个火药桶一样，一触即发。

显然，这种暴躁的性格和行为给孩子带来很多不利影响，不仅使孩子在学习上无法静下心来，还会影响孩子的交际。因此，家长在发现孩子出现暴躁情绪之后，应该及时帮助孩子排解这种不良情绪，最好的办法就是帮助孩子把这种不良情绪宣泄出去，这样孩子的心里才会恢复平静。

孤独、自闭怎么办

孩子到了青春叛逆期，随着身体上的发育，他们的心理上也产生种种变化。他们对于家长和老师等之前灌输给自己的种种思想产生了质疑，有的孩子甚至不再相信大人。他们开始希望自己能够像大人一样拥有自己的天地，但是却得不到支持。于是，孩子就觉得自己干什么都不被理解，就连平时挺要好的同学和朋友，现在也不是那么亲密无间、无话不谈了，自己的一肚子心事，却不能和谁说。所以，很多青春叛逆期的孩子总是会发出这样的感叹："为什么就没有人能理解我呢？我真的好孤独。"

孤独和自闭总是结伴而行，因为孤独而自闭，而自闭又导致了孤独，他们就像是两扇沉重的铁门，把孩子的内心紧紧地关闭起来。孩子的自闭和孤独一般表现为情绪低落、悲观、厌世，严重的自闭则可能会导致自杀。所以，如果孩子出现孤独、自闭的倾向的时候，家长应该引起重视，加强和孩子之间的沟通，走进孩子的世界，把孩子拉到阳光下。

夏天本是个十分开朗的女孩，整天笑嘻嘻的，似乎整天都没有烦恼。但是孩子上初三之后，妈妈就发现孩子不太爱笑了，开始还以为是长大了，知道收敛自己的性格了。但是时间长了，妈妈就发觉孩子不太对劲，就算是不爱笑了，也不能连人都不理了吧?

现在的夏天整个人就没有有精神的时候，见到人也不说话，就是和自己的妈妈也是能不说就不说，原先那个叽叽喳喳的孩子完全变了个模样。而且以前夏天经常带同学来家里玩，现在也没有人来家里，夏天自己也不出去玩了。每天放学夏天就回家，躲到自己的房间里做自己的事情。如果说她在学习，可是成绩还下降了。妈妈觉得肯定是孩子有什么心事了。但是问了夏天好几遍，夏天也不说。

后来妈妈就到学校问老师，孩子最近的表现如何。老师也是连连摇头，说不知道为什么班里的活跃分子现在不活跃了，整天独来独往，也不和同学玩，有什么活动也不参加，就算是集体项目，夏天也是一个人躲在角落中，就是不肯和同学玩。老师建议夏天的妈妈带孩子去看看心理医生，说不定孩子是有了什么心理障碍呢。

后来妈妈看自己开导不见效，就真的带着夏天去看了心理医生，医生说夏天并没有什么心理疾病，之所以出现这样的状况可能是因为孩子处于青春叛逆期，这是青春叛逆期自闭现象，只要家长多关心、多开导，孩子还是会变回以前的活泼样子的。

青春叛逆期孩子产生心理自闭现象一般有两种原因：一种是孩子在儿时的一些特殊的经历造成了孩子孤僻、自卑的性格；另一种是孩子进入青春叛逆期以后各方面的压力变大，孩子不得不把自己封闭起来。案例中的夏天应该就是第二种情况，她从小活泼，但是可能在升入初三之后，学业压力变大，或者是家长、老师的期望过高，让孩子承受不了，就开始出现这种自闭现象。

心理学上有一个布朗定律，说的是一旦找到了打开某人心锁的钥匙，往往可以反复利用这把钥匙打开这个人的其他心锁。也就是说，对于孩子的自闭现象，只要找到了问题的根源，其他问题也会迎刃而解。比如孩子因为升学的压力导致心理焦虑，继而产生自闭现象。这种情况下，家长就要想方设法打开孩子的心扉，找到这个根源，然后开导、安慰孩子，帮助孩子排除心理压力。

♥ 帮助孩子排除自闭心理 ♥

妈妈，我这几天心里好难过，我也不知道为什么……

休息一下吧，不要太有压力，妈妈认为你已经非常不错了。

1.打开孩子心扉

只有打开孩子心扉，才能找到孩子自闭的原因，因此，要多与孩子谈心，站在孩子立场去思考、去理解孩子。

2.帮孩子缓解心理压力

压力是造成孩子自闭的重要原因，因此，家长要及时帮孩子排解升学、交际、情感等方面的压力，关注孩子心理健康。

3.多带孩子出去走走

适量的户外运动不仅可以锻炼身体，还有益于身心健康，所以，要鼓励孩子多参加户外活动，或者亲自带孩子出去运动。

另外，青春叛逆期的孩子都比较敏感，家长的一言一行都对孩子有着很大的影响。所以，家长要给青春叛逆期的孩子更多的关爱，让孩子体会到爱，从而远离孤独和自闭。

所以说，针对孩子青春叛逆期自闭现象，家长首先要做的就是和孩子交心，找到孩子自闭的根源，和孩子共同面对现实，解决问题。当然，如果孩子的自闭过于严重，家长要及时带孩子去看心理医生。

都是虚荣心在作祟

可能很多家长都遇到过这样的问题：孩子小小年纪就虚荣心作祟，盲目追求与攀比。虽然虚荣心是一种常见的心态，尤其对于青春叛逆期的孩子，他们开始有了自己的独立意识，开始看重面子，渴望被关注。但是孩子一旦形成虚荣心，对他的成长就会产生很大的妨碍作用。最重要的是，孩子爱慕虚荣，有碍真正的进步，甚至会形成嫉妒成性、冷酷无情的性格。

教育心理学研究认为，孩子由儿童阶段进入青春叛逆期以后，自我的概念开始清晰和明朗，获得他人认可和尊重的欲望变得空前强烈，他们甚至不满意自己的状况，想方设法地来标榜自己、抬升自己，以达到"超越"别人的目的。有一些孩子可能是因为自己的家庭经济条件差或者是认为自己长相不佳等原因，而生性自卑，他们希望通过一些外在的因素提升自己、增强自信。但是，不管是出于什么样的目的，这些行为都是孩子在青春叛逆期虚荣心增强的表现。

另外，青春叛逆期性心理的发展，也促进了孩子虚荣心理的发展。一些少男少女为了增强对异性的吸引力和在同性之间的优越感，也很容易变得爱慕虚荣。

小辉的爸爸自己开着一家商贸公司，所以家里经济条件很优越，原本在小的时候小辉也不懂这些，还是和平常人一样，只买一些自己喜欢的东西，而不管是不是名牌。上学的时候也和同学们关系不错，学习成绩也还算优秀。但是，这仅仅是以前，自从升入初中之后，爸爸妈妈就发现小辉在慢慢变化。

小辉以前也常常要家长给自己买这买那的，由于比较宠爱他，都是他要什么

爸妈就给买什么。但是，现在穿衣服必须是名牌，不是阿迪达斯就是耐克，要不坚决不穿。可是上学的时候要穿校服，没法展示自己的名牌衣服，小辉就让妈妈给自己买限量版的运动鞋、篮球鞋，这样一双鞋便宜的也得好几百，贵的都上千呢。这还不够，不能佩戴首饰，但是可以戴手表啊，小辉可不要什么电子表，一定要让爸爸给自己买瑞士名表。前几天又刚买了苹果手机，现在他的手机、平板、电脑都是苹果的，而且只要出新款，小辉就让爸爸给自己换。

除了这些之外，小辉每天上学放学，都要让爸爸开着家里的名牌车去送。小学的时候他还喜欢和同学挤公交去上学，现在死活不肯自己去，就算是爸爸有事没法去送他，也必须让司机去送。爸爸要是说让他骑自行车去上学，小辉就会大声说："骑那个多没面子啊，我必须要坐宝马车。"

看到孩子这么虚荣，家长总是感到很无奈，可是家里就这么一个孩子，还不想让他受委屈，只能什么都依着他了。

其实，很多时候，孩子的虚荣心和家庭以及家长的教育有很大的关系。现在很多家长溺爱自己的孩子，认为只有一个孩子，又有承受能力，所以舍得买一些高档的玩具、服装等。就像例子中的小辉的家长，明知道孩子有虚荣心不好，但是又不忍心孩子受委屈，什么都依着孩子，这样自然就助长了孩子的虚荣心。也有的家长不注意孩子的修养和教育，喜欢自己的孩子比别人强，总是喜欢打扮孩子，给孩子很多零花钱来显示孩子的与众不同；也有的家长总是喜欢炫耀孩子，只讲孩子的优点，这样孩子在一片赞扬声中长大，容易形成虚荣心理。

青春叛逆期孩子虚荣心理主要有三种表现：一是衣食住行追求名牌，以此来显示自己的经济实力和所谓的品位。二是爱撒谎、吹嘘自己或家长，比如向同学吹嘘自己，或者炫耀自己家的经济实力等，以此来抬高自己的身价，显示自己的身份、地位。三是争强好胜、不服输，总是认为自己比别人强，如果在比赛或者竞争中输了，就会找理由或者贬低对手，确保自己始终以胜利者的姿态出现。

虽然说，虚荣心人人都有，就算是大人也会有一点虚荣，这也是十分正常的，因为每个人都希望得到别人的认可和尊重，渴望自己心理上得到一丝丝的优越感。但是，如果虚荣心理过重的话，就会影响到孩子的心理健康，进而影响到孩子的生活和学习。因此，家长一定要帮助青春叛逆期的孩子克服虚荣心理，让其健康成长。

让孩子告别虚荣心

名牌不名牌有什么不一样，只要干净整洁就很好看。

妈，这家店是名牌，咱进去看看吧。

1.榜样示范
家长应该从自身做起，不盲目追求名牌、不乱花钱、注重精神修养，给孩子树立一个好榜样。

这次成绩的确进步了，但是还有不少努力的空间呢。

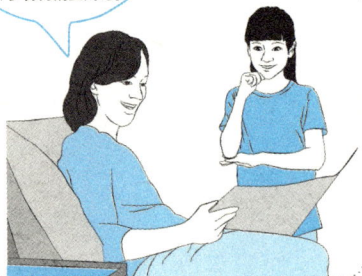

2.少表扬
当孩子取得了很好的成绩的时候，尽量不要当着很多人的面夸奖，这样容易让孩子养成虚荣心。

你看，女孩虽然穿着朴素，但是助人为乐的样子真是迷人啊。

3.认识真正的美
可以通过看电影、说故事，或者是身边的一些事，使孩子明白真正的美来自心灵，而非外表。

另外，最重要的一点，在家庭生活中，即使孩子是独生子女，也不要整天围着孩子转，否则，他会认为自己是家庭的"中心人物"，容易形成虚荣心。

自卑而又敏感多疑的孩子

很多青春叛逆期的孩子心理都住着一个魔鬼——自卑。通常，我们都认为，那些自卑的孩子脾气会更加温顺，更听话，但事实往往相反。每个青春叛逆期的孩子都是敏感的，对于那些自信、情绪外显的孩子，他们更善于抒发内心的情感，因而懂得自我排解不良情绪。而那些自卑、内向的孩子，他们会把内心的不快郁结在心中，当他们的自卑被挖掘出来的时候，他们的脾气就会爆发出来，甚至一反常态。

青春叛逆期的孩子大部分时间都是生活在集体中，与很多同学、朋友在一起，这其中有很多人比自己优秀，孩子在集体中容易把自己和周围的朋友、同学相比，当自己的某一面不如周围的人的时候，孩子的自卑感就油然而生，孩子可能会把这种不如人的想法积压在心中，不愿意与朋友、同学相处。他们往往很敏感，抱有很大的戒心和敌意，不信任别人，一点芝麻绿豆大的小事也会引发一场轩然大波。

梦梦自从上学后就品学兼优，家长都感到骄傲，经常对着外人夸奖她，在学校里她更是受到老师和同学的欢迎。去年的时候，梦梦顺利考上了市里的重点初中。可是，梦梦的新同学们都非常优秀，这样梦梦在班里就没有优势了，因此，整天郁郁寡欢。

梦梦很想好好学习，让自己再像以前一样，让大家羡慕，但是，越是这样想，成绩越是不提高，这几次考试成绩反而逐渐下滑。家长对她也有些不满意，现在也不大在别人面前说梦梦的学习了。梦梦的压力更大了，逐渐开始出现烦躁、失眠的状况，在这种情况下，梦梦的成绩下滑得更加厉害。有一次考试成绩出来后，看到女儿还有几门不及格，爸爸生气地对梦梦说："你越长大越笨了是怎么着，不提高也就罢了，怎么还一直下降呢？"

听到爸爸这样说自己，梦梦难过极了，她觉得家长一定对自己失望极了，自己可能真的不是学习的料，因此，梦梦在重压之下产生了一系列身心不良症状：

原先的失眠更加严重了，常常半夜了还在看天花板；白天精神总是恍惚，有时还会出现幻听；总是觉得大家都在嘲笑自己，经常忽然就捂着耳朵，显得十分害怕的样子；看到同学多看她了一眼，她就认为别人在说自己的坏话，就开始与人争吵。最后，学校不得不让她先休学了。

帮助孩子摆脱敏感心理

　　孩子如果敏感多疑，不仅会影响自己的情绪，还会给孩子的正常生活、学习和交友造成困扰，如果严重的话，还可能会因此造成心理疾病，出现轻生等危险的念头。因此，在发现孩子出现自卑、敏感的倾向之后，父母就要积极引导孩子，那么具体该如何做呢？

1.让孩子学会信任

　　孩子敏感多疑主要是因为不信任别人，因此应该让孩子学会信任。首先，家长要与孩子建立信任关系，多关注、倾听孩子，走进他们的内心，赢得他们的信任。

> 这是答应给你买的。

> 我就知道爸爸从来不会骗我。

> 好样的，女儿！

2.帮助孩子建立自信

　　孩子敏感多疑的另一个原因是不够自信，因此，家长可以通过多鼓励或者找一些孩子引以为傲的事情，让孩子找到自信。

> 我知道你是想做好的对不对？下次不要再这么马虎了。

> 妈妈，我知道错了。

3.批评孩子，尊重在先

　　有的家长在批评孩子的时候常使用一些贬低性的词，会伤害孩子自尊心，继而形成自卑。因此，就算是批评孩子，也一定要尊重孩子。

这个时候家长才觉得女儿的确是病了，也意识到了问题的严重性，决定带着梦梦去看心理医生。

青春叛逆期的孩子本来就敏感多疑，而例子中梦梦爸爸说的话深深伤害到了梦梦的心灵。成绩下降，梦梦自己就很有压力了，家长不但不鼓励她，还说她笨，她就会觉得家长不再爱她了，也会觉得自己真的就是笨，因此陷入深深的自卑中，而这种自卑又加重了她的敏感和多疑，从而使她的心态急剧恶化。

那么，对于青春叛逆期的孩子来说，到底是什么使他们自卑、敏感呢？

一种原因是学习成绩不如人：有些孩子因为学习成绩差或者出现下滑而过分自卑，对自己没有信心，经常为自己的成绩或者其他方面的不足而苦恼，心理脆弱，有时会因此而离家出走，甚至产生轻生的念头，尤其是考试前后、作业太多或学习上遇到挫折的时候。

另一种是家庭条件不如人：有的孩子，家庭条件不好或者是来自单亲、离异家庭，他们会认为自己矮人一截，生怕被同学、朋友笑话，时间一长，自卑心理也就产生了。

因此，在实际的生活中，家长一定要首先做到对孩子谨言慎行，避免无意中伤害到孩子脆弱的心灵。另外，如果孩子出现自卑和敏感的状况，一定要及时引导，避免孩子出现心理疾病。

怎样扑灭孩子的嫉妒之火

所谓嫉妒心理，根据《心理学大辞典》的解释就是："嫉妒，是一个人与他人作比较，发现自己的才能、名誉、地位或境遇等方面不如别人而产生的一种由羞愧、愤怒、怨恨等组成的复杂的情绪状态。"

的确，对于青春叛逆期的孩子来说，他们已经有了升学的压力，开始明白了竞争的重要性，同时，也会不自觉地与他人作比较。正常情况下，当发现自己在才能、体貌或家庭条件等方面不如别人的时候，就会产生一种羡慕、崇拜、奋力追赶的心情，这是上进心的表现。但是，因为青春叛逆期心理发展尚未成熟，对自己各方面能力还认识不足，遇上比自己能力强的人时就会感到不安，很容易产生嫉妒心理。

小荷正在读初中二年级，成绩属于班里的中游。这个学期班里重新调换座位，她的新同桌是漂亮的蓉蓉，蓉蓉几乎每次考试都考第一名，人也漂亮，大家都很喜欢她。但是小荷却并不喜欢这个优秀的新同桌，因为自从她们两个成为同桌之后，两个人的差距总是那么明显，这让小荷心里十分不是滋味，因此，小荷非常讨厌蓉蓉。

每次考试成绩公布的时候，大家都会夸蓉蓉，老师也会在班上夸奖蓉蓉，而小荷的成绩总是不上不下，十分尴尬。所以，小荷总是在背后说蓉蓉的坏话，因为蓉蓉是班里的学习委员，经常出入老师的办公室，因此小荷就跟有的同学说老师偏向蓉蓉，早就在考试之前就把蓉蓉叫到办公室，给她看过试卷了，这样蓉蓉才能考第一。

就因为小荷整天这样说蓉蓉的坏话，嫉妒蓉蓉的才能，两个人的关系也不怎么好，所以，虽然有蓉蓉这样一个成绩好的同桌，小荷的成绩也没有丝毫的进步，反而出现了下滑。整天想着怎么"诋毁"蓉蓉，又知道自己没有她受欢迎，这让小荷心理十分不平衡，越想越气，为此还出现了失眠的状况，脾气也变得十分古怪，加上成绩下滑，这让家长十分担心。

事实上，嫉妒心理并不是只有青春叛逆期的孩子才会有，从幼儿时期一直到成年，每人身上都或多或少有一点嫉妒心理，只不过是青春叛逆期的孩子表现尤为突出而已。例子中的小荷就是这样一种心理，看到同桌成绩比自己好，还受到大家的追捧和欢迎，就在背后恶语中伤对方。而这期间，自己不但没有向优秀的对方学习，反而出现成绩下滑、失眠等现象，足见嫉妒心理对青春叛逆期孩子的危害。

如何改变孩子的嫉妒之心

法国文学家巴尔扎克说："嫉妒者比任何不幸的人更为痛苦，因为别人的幸福和他自己的不幸，都将使他痛苦万分。"所以，面对青春叛逆期孩子的嫉妒心理，家长应该积极引导。

> 知道周瑜吧？就因为嫉妒诸葛亮被活活气死了！

> 我知道了，以后不会嫉妒了。

1.让孩子认识到嫉妒的危害

家长可以通过典故或现实中一些事例来引导和教育孩子，让孩子认识到嫉妒的危害性，从而远离这种不良心理倾向。

> 老师给她第一名肯定是有原因的，我们一起看看她的作文分析一下好吗？

> 王瑶也没什么啊，她凭什么得第一！

2.引导孩子树立正确的竞争意识

让孩子明白对手不是仇人，嫉妒不是要强，让孩子学会欣赏他人的成功，分享他人的快乐。

> 小红每天都练习三个小时，所以才会那么优秀啊。

> 我会练习更多时间的，下次老师一定就表扬我了。

3.将嫉妒转化为激励

引导孩子将嫉妒转化为积极、奋进的力量，变嫉妒为包容和博采众长，这样孩子就能不断超越自己，走向成功。

第二章 青春叛逆期孩子的偏执行为

孩子迷恋上了网络

现代社会，互联网已经十分盛行，互联网让我们的生活变得十分便捷，足不出户就可以了解世界各地的许多信息，购物也不用出门走路了。但是，它在给我们带来方便的同时，也带来了一些危害，尤其是对孩子的危害。现在的孩子，年纪很小就学会了上网，青春叛逆期的孩子更是对网络十分熟悉和了解，各种聊天软件都会使用，上网搜资料、看视频更是不在话下，而玩游戏似乎也成了每天的必修功课。

原本孩子上上网、玩玩游戏也无可厚非，尤其是青春叛逆期的孩子，学业的负担比较重，心理压力难免会比较大，上网玩一下可以帮助他们缓解一下心理压力。但是，很多孩子却开始沉迷其中不能自拔。他们长时间上网导致作业不能完成，睡眠时间不能保证，上课的时候无精打采，老师讲课的内容听不下去，结果成绩开始下降。这是很多迷恋网络的孩子会出现的状况。但是，更让家长无法接受的是，网络上有很多不健康的内容，青春叛逆期的孩子心理发育还不成熟，性格也具有不稳定性，很容易模仿其中的一些形象和情节，另外孩子们由于长时间沉迷在网络世界，以至于分不清楚哪是虚拟世界、哪是现实世界，因而可能会做出一些危害自己或者他人的行为来。

瑞瑞原本是个十分乖巧的孩子，学习也很认真，成绩在班里也算是不错，家长对瑞瑞也很放心，并不像其他家长一样逼着孩子去学习很多其他的东西或者让孩子在家也只知道学习，只要瑞瑞完成了老师布置的任务之后，偶尔可能会和爸爸一起看看书，剩下的时间都是瑞瑞自己安排，和朋友出去打篮球，还是到郊区玩，家长从来不过问，只要瑞瑞出门的时候和家长说一声就可以了。

瑞瑞在升入高中以后认识了更多的朋友，每天都和朋友在一起，他们经常去网吧打游戏，有时候放学后瑞瑞也是先和他们去打游戏，到很晚才回家，这样的次数多了，家长就说他了几句，让他早点回家。但是瑞瑞却不高兴了，对爸爸妈妈说："我都这么大了，不要再把我当小孩子了。"这之后，瑞瑞更是回家晚了，周末的时候也是整天见不到人。在最近的一次考试中，瑞瑞的成绩下降了不少。家长也知道孩子进入青春叛逆期了，开始关注瑞瑞的成长。

结果爸爸妈妈发现瑞瑞每天并不是出去玩，而是到固定的一个网吧上网玩游戏，周末的时候一整天都在里面，中午吃饭也在网吧吃泡面！而且从老师那里了解到，瑞瑞最近经常在上课的时候睡觉，早晨还迟到了好几次。可是瑞瑞明明很早就从家里走的呀，有一天爸爸偷偷跟在瑞瑞身后出门，发现瑞瑞出门后直奔网吧去了，在里面玩了一个多小时才出来去学校，这样不迟到才怪呢！看到瑞瑞这样迷恋网络，耽误学业，爸爸妈妈十分后悔：都因为自己没有多关心孩子，才让孩子逐渐沉迷其中。

青少年的身心发展还不成熟，好奇心又强，缺乏自控力，认知能力也不足，自我意识却非常强烈，他们渴望独立自主，与人平等交往和合作，渴望获得尊重，而网络，特别是网络游戏恰恰迎合了他们这一心理需求。但是对于青春叛逆期的孩子来说，他们最重要的任务就是学习，是充实自己，享受快乐的少年生活，像瑞瑞一样沉迷网络，必定会影响学习，还会对孩子的身心造成伤害。

当然，网络并非只有坏处，网络也可以让孩子了解更多的知识，增加自己的见识，开阔视野。所以，家长也不要拒绝让孩子接触网络，而是应该多与孩子沟通，正确引导孩子，让孩子健康上网。

如何引导孩子健康上网

网络已经是现在的大趋势，孩子的很多作业确实也需要借助网络，所以让孩子完全与网络隔离是不现实的。要避免孩子沉迷其中，家长就要想方设法引导孩子健康上网。

1.和孩子一起上网

家长可以和孩子一起上网，不仅可以起到监督作用，还能共同探讨网络中的许多问题。

2.把电脑放在家里的"公共场所"

家长可以把电脑放在客厅等大家都看得到的场所，这是可以帮助孩子安全上网最简单的方法。

好了，接下来的一个小时是你的上网时间。

OK。

3.引导孩子合理上网

可以和孩子共同商量定一些上网的规矩，也给孩子一定的上网自由时间，逐渐引导孩子健康上网。

吞云吐雾何时了

在家里，有些家长茶余饭后往往在沙发上一躺，继而点上一支香烟，吞云吐雾。在社会上，待人接物、走亲访友等社会活动，无一不是香烟搭桥。在学校里，

有的老师一下课，立即就点上一支烟。这些，都深深吸引着涉世未深却有着强烈好奇心的青春叛逆期男孩子，使得他们产生了想要尝试一下的欲望，于是，年纪轻轻的孩子就开始尝试着吸烟。

青春叛逆期的孩子情绪不稳定，身体、学习、生活带来的各种压力很容易导致孩子心理不平衡、情绪出现较大的波动，这个时候如果没有解决的办法，吸烟就成了孩子解闷、发泄的最好途径；也有的孩子是看到大人吸烟十分神气，有风度，认为吸烟是男人成熟的标志，因此自己也开始抽烟；还有的孩子存在着从众心理和不平衡心理，看到班里有同学吸烟，就觉得自己不吸烟会被看不起或者被排斥，于是自己也开始吸。这都是孩子抽烟的原因，很多家长看到孩子抽烟就只知道打骂、用暴力解决，却不知道分析孩子为什么会抽烟，也不分析孩子的烟瘾是怎样一步步形成的，当然，也有的家长对孩子的抽烟行为睁一只眼闭一只眼。家长的这些不正确的态度使得青少年中吸烟的人数越来越多。

小晨的爸爸烟瘾特别大，只要一闲下来就会一根接一根地抽烟，但是最近他发现自己的烟总是抽得特别快，跟以前不太一样。有一天，他有事到小晨的房间去用电脑查阅一点资料，结果发现电脑桌上有烟灰，自己并没有在儿子的房间抽烟，这是哪里来的烟灰呢？难道是儿子抽烟了吗？可是这孩子才刚刚15岁啊。

为了确认，爸爸故意把烟盒放在客厅茶几上，里面还有16根烟，而他自己则躺在卧室的床上装作睡觉了。到小晨放学后，爸爸也没有出来。一直到晚饭时间爸爸才出来吃饭，爸爸拿到烟盒偷偷数了一下，少了三根烟。果然是小晨偷拿的！吃完饭爸爸就问小晨是不是抽烟了，小晨还不承认，爸爸也没有训他，就是说："抽烟对身体不好，你还小，现在还不能抽烟。"

但是小晨并没有听爸爸的话，还是继续抽，既然偷不成爸爸的烟了，小晨就用零花钱自己买烟。有一天放学后小晨在自己房间一边玩电脑一边抽烟，正好被早下班的爸爸撞见了，爸爸二话不说就打了小晨一巴掌，说："不是说了不让你抽的吗？还敢抽烟！"小晨倔强地看着爸爸说："凭什么你能抽，我就不能！"爸爸被说得哑口无言。

青春叛逆期的孩子身体发育还不成熟，过早地抽烟，对孩子的身体有害而无益，还会影响孩子的学习进步，家长应该及时纠正，但是不能像故事中小晨的爸爸一样打孩子。青春叛逆期的孩子正处于叛逆期，而且由于孩子思想和知识的不断累积，使得孩子的这次叛逆期比前两次都要严重，因此，打骂只会把孩子更加推向香烟。但是也不能对孩子的行为放任自流，而是应该将严加管理与正确引导相结合，在孩子还没有形成烟瘾之前，将孩子的行为拉回正轨。

青春叛逆期的孩子本应该把注意力集中在学习任务上，但是染上抽烟习惯的孩子就会整天想着抽上一支烟，无论在学校中还是在家里，他们抽烟的行为都是被禁止的，因此，想要抽烟的孩子必然要花费心力来完成这一行为，这样，孩子的心就

帮孩子远离香烟

孩子染上抽烟的恶习，要从说服教育入手，单纯地禁止往往收不到良好的效果。

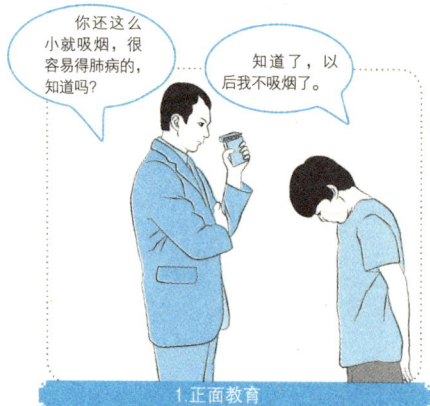

你还这么小就吸烟，很容易得肺病的，知道吗？

知道了，以后我不吸烟了。

妈，我找郑阳玩去。

还是找邻居家哥哥玩吧，郑阳那孩子爱抽烟。

1.正面教育

2.切断"传染源"

青春叛逆期的孩子已经有了一定的认知能力，对他们进行说服教育，告诉孩子抽烟的危害，大多数孩子还是能够自觉克服抽烟的坏习惯。

孩子的行为容易受到周围人的影响，因此，无论是在家里还是学校，都要尽量给孩子创造一个"无烟环境"，并且让孩子远离会抽烟的同伴。

孩子学会抽烟之后，家长不要打骂、挖苦孩子，应该教育孩子树立正确的认知，从思想上认识抽烟的危害，产生戒烟的动机，才是帮助孩子戒烟的良方。

不在学习上了，而且绝大多数抽烟的孩子都对学习不怎么感兴趣。家长可以通过培养孩子的学习兴趣，让孩子的精力多用在学习上，这样也可以有助于孩子戒除烟瘾。

追星：越阻止孩子反而越疯狂

"追星"行为，是指青春叛逆期的孩子过分崇拜或迷恋影视明星或歌星的行为。心理学家表示，崇拜偶像是青少年时期的重要心理特征之一，是青春叛逆期心理需要的反映。青春叛逆期的孩子在思想上有了很强的独立性，他们非常希望获得一种社会认同感和归属感，而这种认同感和归属感往往可以通过模仿偶像得到实现。因此，这个时期的孩子疯狂迷恋着一些明星。

明星往往具有光鲜亮丽的外表，有的明星十分有才，受到很多人的追捧，把明星当作偶像来模仿自然十分符合孩子的心意。他们会通过模仿明星的说话、动作、服饰等方面来将自己向偶像靠拢，从而获得满足感和归属感。另外，青春叛逆期的孩子大多面临着升学的压力，即使不是升学，繁重的课业负担也会给孩子造成很大的压力，因此，他们通过追星等行为来缓解和释放自己心中的压力和郁闷，将自己从沉闷的学习中解脱出来。

小宁刚刚读高中，原本在初中的时候，小宁还非常听话，学习也很认真，但是升高中的那个暑假时间特别长，加上没有了作业的负担，小宁过得十分舒畅，每天都是玩，就在这个暑假，小宁迷上了TFboys，每天都听他们的歌，把他们参加的电视节目看了个遍，每天都上搜索TFboys的新闻。

升到高中以后，原本课业负担就够重的了，但是小宁还是每天抽出时间来听歌，更是专门准备了一个本子，上面抄录了TFboys唱的歌的歌词。原本有个自己喜欢的明星，家长也并没有担心，自己那个时候也有喜欢的偶像，所以对小宁并没有过多的干涉。

但是，小宁似乎有点过火了，开始买一些TFboys同款的衣服穿，身上的饰品也都是与TFboys有关的。有一天小宁晕倒了，把爸爸妈妈吓坏了，到医院一检查，说是饿晕了！怎么可能呢，妈妈每天都给小宁零花钱的啊。后来才知道，小宁为了攒钱去TFboys的粉丝见面会就不吃饭，结果饿晕了！

很多家长会担心孩子追星会影响孩子的学习，因此强行制止孩子追星。这样并不能解决问题，反而会引起孩子的反抗和更加叛逆的心理。不管是什么样的原

正确面对孩子的追星现象

追星是孩子从儿童时期向成人过渡的一个正常的心理反应，因此，面对孩子追星家长不必过于担心，只要稍加引导，不让孩子做出过分的事情即可。

爸爸，你太厉害了！

看，爸给你要到鹿晗的签名照了！

1.和孩子一起追星

在孩子追星的过程中，家长不妨也陪着孩子一起去追星，通过追星，家长可以更好地去了解孩子、教育孩子。

就像妈妈说的，我也要成为她这样优秀的学生。

2.巧妙利用名人效应

在教育孩子的时候，可以利用孩子喜欢某个明星的心理，家长找出明星正面的东西，让孩子以明星为榜样，激发出名人效应。

理解和接纳，是教育的前提。因此，作为家长，对于孩子的追星心理，一定要理解和接纳，这样才能更好地和孩子沟通。

因，对大多数孩子来说，这种追星现象只是一个短暂的过程。随着孩子的成长会逐渐消退。在心理学上有一个光环效应，就是说人们对他人的认知容易先根据个人的好恶作出判断，然后再根据这种判断来推知这个人的品质。明星作为一个公众人物，周围被一种光环所笼罩，孩子因为思想不成熟容易被这种表象所迷惑。但是，随着孩子年龄的增长，孩子的思想会逐渐成熟，是非判断力也会逐渐增强，孩子就会意识到明星也和普通大众一样，并不是完美的，而是也有其不好的一方面或者是说也有自己的弱势。

因此，对于孩子追星的现象，家长不必过于紧张，也不用强行阻止孩子，这个年龄的孩子太过叛逆，家长强行阻止的话，即使知道家长是对的，他们也会进行反抗。而且每一代人都有属于自己时代的偶像，家长在年轻的时候甚至是至今都有自己的偶像，所以，家长应该理解孩子的思想。不过，孩子的心理发育还没有十分成熟，性格也具有很强的可塑性和不稳定性，所以，家长还是要引导孩子适度追星，不要太迷恋和疯狂。在允许的范围内，让孩子健康、快乐地追星。

过度赶时髦、追随潮流

十几岁的孩子开始化妆、穿高跟鞋，穿着也越来越奇怪，好好的裤子上非要挖个洞，衣服上面叮叮当当的都是饰品，头发也染成各种各样的颜色，男孩子的头发也留得很长……很多家长看不明白孩子的打扮，因此追在孩子身后，希望孩子能穿上校服或者是正常的衣服，把那些奇奇怪怪的东西能摘下来。但是，孩子却对家长的要求置若罔闻，依旧我行我素，用他们的话说，这就叫时尚，家长根本就不懂。

孩子到了青春叛逆期以后，就会有非常强烈的自我意识，他们认为自己长大了，不应该再受家长的管教和约束，加上孩子的年龄增长，视野不断开阔，对于时尚和潮流有了自己的理解，他们希望自己成为万人瞩目的焦点。其实，孩子的这种选择也无可厚非，这些他们认为时尚的打扮会让孩子产生自己非常有"个性"的感觉，他们喜欢这样的打扮和装束，其实也显示了孩子内心的一种渴求。这个时候，家长在引导孩子的时候，一定要讲究策略，否则，只会起到相反的作用。

晓彤今年已经读初中三年级了，学习成绩也不错，平常就非常注重自己的形象，在进入初三之后，更是严重，光是早晨打扮的时间就要花费一个多小时，因此，有时连吃早饭的时间都没有，拿个面包就匆匆去上学了。

光是打扮也还好，但是妈妈发现最近晓彤总是穿一些奇怪的衣服。学校平常规定要穿校服，所以，晓彤就在鞋子上面花心思，买的鞋子不是有闪闪发光的亮片就是鞋底非常厚，晓彤还告诉妈妈这叫作"摇摇鞋"。周末的时候，可以穿自己的衣服了，晓彤也不知道什么时候买的这些衣服，牛仔裤从大腿开始一直快到脚踝处，都剪了一道一道的口子，站着还好，一坐下就露肉了。上衣特别短，连肚脐眼都遮不到，要不就是完全透明的上衣。

这天晓彤跟朋友出去玩了一天，回家的时候妈妈赫然发现晓彤把头发烫了，还染成了黄色，跟个芭比娃娃一样。气得妈妈说："你看看你，这还有点学生的样子吗？赶紧给我染回来！"但是，晓彤自顾自地往沙发上一躺，拿着手机说："我可没空，我还要和朋友聊微信呢。你不要一直管我，你们的眼光也太土了。"

青春叛逆期的孩子穿着奇怪，打扮另类的现象，在现在的生活中已经十分常见。进入青春叛逆期的孩子，变得格外叛逆，家长的管教无论正确与否，都会招来他们的不满。因此，对于这样的孩子，家长不能只是单纯地说教，或者强行要求孩子改变。而是要找到孩子产生这类行为的心理原因，然后从根本上解决问题。那么，青春叛逆期的孩子为什么喜欢这样打扮自己呢？

首先，青春叛逆期的孩子追求个性、自由的生活，这是青春叛逆期孩子心理的最大特点。他们追赶潮流，希望自己与众不同，希望自己是时尚的，是受大家追捧的，个性的打扮会让大家注意到他们。其次，他们希望通过自己个性的打扮

来弥补自己内心的不安。心理学家认为："如果一个人界限感薄弱的话，除了感到与他人的不同之处，还很难把握和他人之间该保持多远的距离。"许多孩子内心很不安，不知道自己想要的到底是什么，所以，他们通过自己的打扮和服饰来人为地与外界生活划清界限，以此来缓解内心的不安情绪。

孩子打扮夸张家长该如何应对

1.不要轻易答应孩子的要求

有些孩子想要什么衣服，家长就给买，这样才养成了孩子穿着不合时宜的习惯。因此，家长应该一开始就拒绝孩子不合理的要求。

> 不行，这个洞太多！
>
> 妈，我要这件！

> 今天穿这身吧，这样才像个爱运动的中学生啊。

2.引导孩子选择适合自己的衣服

穿着要符合人物的身份和年龄，家长要积极引导孩子选择适合青春叛逆期孩子穿的衣服。

> 我女儿就算是穿校服还是这么漂亮啊。

3.帮孩子找回自信

特别在意自己外表的孩子往往缺乏自信，家长可以通过多鼓励、多肯定的方式帮孩子逐步建立自信。

青春叛逆期的孩子正处于长身体的时期，穿着应该朴素大方，虽然一些新奇的穿衣打扮可能会引起别人的关注和好奇，但是不能赢得别人的尊重。因此，家长应该向孩子传授正确的审美观和价值观，把孩子的思想拉回到正常的轨道上来。

当然，也不排除，有些孩子由于缺少家长的关爱，需求在家庭之中得不到满足，就通过这样的打扮来自我肯定。面对这样的孩子，家长要多花时间陪伴孩子，关心爱护孩子，时间长了，孩子感受到家长的温暖了，行为也就会慢慢改变了。

早恋：羞涩或者疯狂的情愫

早恋，是指未成年或者生理、心智未成熟的男女，建立恋爱关系或对异性感兴趣、痴情或暗恋等，一般指18岁以下的青少年之间发生的爱情。很多家长在知晓孩子在青春叛逆期谈恋爱后，一般都会火冒三丈，然后"棒打鸳鸯"，但是，家长却忘记了孩子正处于叛逆期，这样的处理方式只会让孩子更加坚信自己的选择，甚至为了反抗家长而做出更加"出格"的事情。

一般来说，青春叛逆期孩子的情感比较丰富，但是很容易波动，表现在对异性的追求中，容易冲动，缺乏理智的管束。这种狂热的情感一旦冲垮理智的堤岸，对于青春叛逆期的孩子来说，他们品尝到的往往不是爱情的甘露，而是难以下咽的苦涩青苹果。可见，青春叛逆期孩子早恋的后果还是十分严重的，不仅仅是会影响孩子的学习和生活，更重要的是可能还会对孩子的身心造成伤害，影响孩子人生的发展方向。

小雪是个十分漂亮的女孩子，读初中三年级的她已经亭亭玉立，长成一个小美女了，而且小雪的成绩一直都很好，自然在班里十分受欢迎，尤其是受到男生的欢迎。

但是自从上初三之后，小雪的成绩就出现了下滑，而且家长发现小雪变得十分爱打扮了，经常站在镜子面前好长时间，穿着漂亮的衣服，扎上好看的发型，高高兴兴就出去了，玩到很晚才回来，妈妈问她去哪里了，小雪也只是搪塞妈妈说出去和同学玩了，要不就是到好朋友家了。但是妈妈还是觉得小雪的行为不正常，在家里的时候常常一个人傻笑，要不就是发呆。妈妈是过来人，加上女儿的

年龄也大了，自然会想到孩子可能早恋了。

虽然妈妈十分生气，但还是先静下心来，决定好好和小雪谈一下。妈妈说："小雪，妈妈觉得你最近心情非常好，是不是谈恋爱了呀？如果是，你可不要瞒着妈妈，妈妈可不是那种封建的家长。"看到妈妈笑着和自己说话，并没有要教训自己的意思，小雪就对妈妈坦白了。原来，小雪和隔壁班的体育委员恋爱了，小雪说那个男生长得特别帅，打篮球打得特别好，很多女生都偷偷喜欢他呢。看着女儿眉飞色舞的样子，妈妈就知道小雪陷进去了。

虽然知道早恋对孩子不好，但是妈妈也知道强行制止根本没有用，甚至会更糟。于是妈妈经常和小雪谈心，告诉小雪一些要注意的地方，还鼓励小雪多认识一些男生，让小雪和那个体育委员比赛学习，等等，逐渐地，小雪的心思又回到了学习上，虽然还没有和那个男生分手，但妈妈相信时间长了小雪就会明白自己的苦心的。

小雪有一位善解人意的妈妈，知道女儿的心意后，她耐心和孩子谈话，采用理解和尊重的方式，引导孩子正确处理这一时期的情感，这样理性的沟通和引导，可以让孩子更加顺利地度过那段迷惘和不安的时期。但并不是所有的家长都能像小雪的妈妈一样，能够理解孩子。

在教育孩子的过程中，很多家长认为，对待青春叛逆期的孩子，应该严加看管，坚决不允许孩子陷入早恋的泥潭。于是，即使孩子只是和异性说说话，家长也要捕风捉影，狠狠教训孩子一番。实际上，青春叛逆期的孩子渴望与异性接触和交往，是青少年身心健康发展的重要标志。再者说，和异性交往并不一定就是早恋了，也可能只是同学、朋友之间的友谊。即使孩子真的恋爱了，作为家长，也不能采取强硬的手段，应该学习小雪妈妈的做法，把握教育和管理的分寸，不要和孩子较劲，理性面对孩子的早恋问题。

◢◣❤ 正确面对孩子早恋的问题 ❤◢◣

　　由于早恋很容易使心理不成熟、性格又容易冲动的孩子走向极端，做出种种不可思议的事情来，所以，如果孩子早恋了，家长应该积极想办法加以引导。

妈妈，我和小童只是朋友，你可不要误会啊。

你这么大了交个朋友我有什么好误会的，我还不相信自己的儿子吗？

1.信任孩子

　　很多家长对孩子与异性的交往过于敏感，这样会让孩子觉得家长不信任自己，以后就算有什么事也不愿意告诉家长了。所以，对待孩子一定要信任。

我就是喜欢他，你凭什么阻止我们？

2.理解孩子，绝不打骂

　　家长应该要理解孩子青春叛逆期渴望与异性交往的心情，如果孩子真的早恋了，也不要打骂孩子，否则只会把孩子越推越远。

妈妈，你觉得我们班张磊怎么样？

妈妈早就看出你喜欢他了，和他交朋友没关系，但是千万不要陷进去啊。

3.告诉孩子异性交往的分寸

　　家长不妨直言不讳地告诉孩子，青春叛逆期想接近异性的身体并不可耻，但一定要把握分寸，让孩子大方地与异性交往。

第三章 青春叛逆期孩子的厌学问题

学习没意思，不想学了

在现实生活中，有的孩子只要一提到上学或者看书就会感觉浑身难受，出现肚子疼、出汗或者失眠等症状，但是带孩子去医院检查却发现孩子的身体并没有什么问题。这个时候，家长就应该引起注意了，孩子很有可能是得了厌学症。厌学症是目前青少年诸多学习心理障碍中最普遍的问题，是青少年最为常见的心理疾病之一。

从心理学角度来看，厌学症是指孩子消极对待学习活动的行为反应，主要表现为对学习存在偏差，情感上消极对待学习，行为上主动远离学习。患有厌学症的孩子往往对学习失去兴趣，他们没有明确的学习目的，恨书、恨老师、恨学校，严重者一提到上学就恶心、头昏、脾气暴躁、歇斯底里。

小健正在上初中二年级，但是家长发现最近孩子放学回家的时候脸色都十分难看，以前回家就会写作业，但是最近也不见他写作业了，不是看电视就是躲在自己房间不知道干什么，总之不是写作业，书包都是回家就放在客厅沙发上，根本就不会带进他的房间。有一次，爸爸实在不知道小健在干什么，就推开门进入小健的房间，看到小健躺在床上睡觉！难道是孩子生病了？于是赶紧喊来妈妈，看看孩子是不是生病了。妈妈把小健喊起来，耐心地问他有没有哪里不舒服，可是小健只是说："没有不舒服，就是想睡觉。"

这下爸爸生气了，掀开小健的被子说："那还不赶快起来写作业！不学习了？"小健也生气了，一下子从床上起来，大声说："写作业，写作业，整天就知道写作业！我不写，我不上学了！"没想到小健会说不想上学了！小健以前的成绩不错，虽然升入初二之后有一点下降，但家长认为只要努力一点肯定能提上去的，但是没想到他却说不想上学了。

小健的爸爸给孩子的班主任打电话问问是什么情况，班主任说最近小健的表现十分糟糕，上课也不听讲，不是睡觉就是看课外书，从来不举手回答问题。有时老师主动提问他，也很少能回答上来，根本跟不上老师讲课的进度。小健的爸爸听了老师的话，有点不敢相信，小健以前还是挺爱学习的，为什么现在会出现这样的情况呢？可是孩子不上学肯定是不现实的，一定得帮孩子分析原因，找出对策才行。

例子中的小健很有可能是有了厌学情绪，才会导致上课不听讲，课下也不做作业，还有了不想上学的想法。那么，孩子为什么会产生厌学心理呢？其主要原因有以下几点：

首先是家长的期望值过高。很多家长为了让孩子取得良好的学习成绩，有一个美好的前途，会付出很多努力和牺牲，这让孩子的身心有了很大的压力，生怕学不好会让家长失望。

其次是孩子消极的情绪和情感。任何事情都不可能是一帆风顺的，学习也是如此，孩子可能由于学习上的失败、学习成绩的暂时落后等原因遭受家长、老师的批评，同伴的疏离等，产生一定的消极情绪和情感，而这种消极的情绪和情感不断积累，严重妨碍孩子的学习，导致其学习没有动力，把学习视为一种压力和负担。当然，还有的孩子由于害怕失败，唯恐失败会影响到自己在他人心目中的形象，于是对学习产生过度焦虑，从而害怕，甚至讨厌学习。

再者就是孩子没有树立正确的学习动机。有的孩子不知道为什么学习，认为学习是为了家长或者老师。加上看到社会上一些没有多少文化的人却成功赚大钱，而上过大学的人却找不到工作的时候，孩子就会迷茫，不知道为什么要学习，这样自然而然就会对学习失去兴趣，甚至厌学。

青春叛逆期本是孩子学习的黄金时期，这个时期如果孩子对学习失去兴趣，一定会影响孩子以后的人生之路。因此，作为家长，一定要帮助孩子找到学习的目标和动力，让孩子摆脱厌学心理，重新爱上学习。

◄◄◄ 如何让孩子重新爱上学习 ►►►

放松考，发挥正常水平就行了，不用非考第一名。

放心吧，有这么开明的老爸，我完全没有压力。

1.降低对孩子的期望

家长总是希望孩子是第一，这就给孩子造成很大心理压力，因此，家长应该正确看待孩子的成绩，不一定非要"第一"。

这是儿子去年学过的，儿子一定会有成就感。

叔叔不在家，要不让哥哥给你讲吧。

阿姨，叔叔在家吗？我想问他个问题。

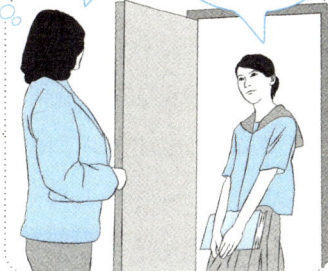

2.让孩子体验成功

如果孩子多次在学习上失利，就会对学习失去兴趣。那么，家长可以创造机会，让孩子体验成功，体验到学习的乐趣，孩子慢慢就会爱上学习。

青春叛逆期是孩子学习的关键时期，而青春叛逆期的孩子又是十分叛逆的，因此，家长一定要多和孩子交流，随时注意孩子的情绪，在出现一点不好的苗头的时候，就积极采取措施，及时引导孩子，避免产生不良后果。

孩子努力了却没有好成绩

当大多数家长在为孩子的贪玩、不爱学习而烦恼的时候，却有一些家长在为孩子太勤奋而发愁。其实，他们并不是不愿意看到孩子勤奋、努力地学习，而是不愿意看到孩子明明学得非常认真、非常辛苦，到最后却考不出一个好成绩。

其实，针对这样的现象，家长也不必过于着急，这是每个人的学习能力强弱的差别。学习能力，就像是汽车的发动机，如果汽车发动机功率不够的话，即使保养得再好，注入的油再多，效果也不会太明显。

那么什么是学习能力呢？所谓学习能力，通俗地讲，就是一个人学习知识、增长才干的本领，是学习文化知识、认识社会、认识周围世界的能力，而不仅仅是学习书本知识的能力。一个人的学习能力往往决定了一个人竞争能力的高低。

小谷每天学习的时间都非常长，由于住校会有规定的熄灯时间，所以，小谷就让妈妈在学校附近租了一间房子，每天小谷下了晚自习之后，都会回到租的房子那里，自己加班学习，每天睡觉的时间都不会在12点之前，而且早晨还早早起床，到学校和住校的同学一起上早读。在课下的时候，除了上厕所，小谷从来不会出去玩，都是坐在自己的位置上，不是预习复习，就是在给自己加点题目做做。

连老师都说，小谷是全班最用功学习的一个学生，经常让大家向小谷学习。按理说，这样的努力，小谷的成绩应该非常出色才对，但事实并非如此，小谷的成绩虽然不是很差，却也只是班上的中游水平。因此，很多同学都在背后议论小谷，有的同学还说："我要是这样努力，考清华、北大都不是问题。"也有的同学直接怀疑小谷是不是智商有问题，要不然怎么会这么用功还考不出好成绩呢？

小谷自己也很清楚，但是没有办法，如果自己不这样努力，可能连现在这样的成绩也考不出来。但是，有时也会感到十分着急和沮丧，看看自己的付出，再看看自己的成绩，小谷都会感到十分伤心，却不知道问题出在哪里，难道真的是自己的智商有限吗？家长有时看到女儿这样努力也是十分心疼，在家的时候几乎

不敢谈论有谁家的孩子考得好，就怕伤了小谷的自尊心。

例子中的小谷学习非常努力，也很刻苦，但是却考不出好的成绩，让自己非常痛苦，也让家长看着着急，还让自己成为同学们嘲笑的对象。其实，这并不是

如何提高孩子的学习成绩

学习并不是只要保证时间就可以提高成绩了，还需要一定的方法和技巧。

妈，我已经在6点之前完成30道数学题了，现在我要去打球了。

完成任务了，当然可以去了。

1.规定时间，制订计划

给孩子规定一定的时间内完成一定的学习任务，这样就明确了孩子的学习计划和目的，不会造成精力的浪费，还省出时间让孩子休息。

这么爱学英语啊？那就去学吧。

还没做完吗？我都已经完成英语任务了，不过，我可以再学10分钟等着你!

2.培养学习兴趣

兴趣能提高学习效率，对孩子正在进行的活动起推动作用，从而提升学习成绩。

除此之外，还要培养孩子良好的学习习惯，这对孩子的成功至关重要。家长可以有意识地观察和询问孩子的一些学习习惯，及时发现问题，帮助孩子纠正坏习惯，强化好的学习习惯。

什么智商上的问题，只是小谷的学习能力可能差一点，因此学习起来十分吃力，即使耗费了很长的时间，效率却并不高。

有人说："未来竞争的唯一优势在于更强的学习能力。"确实，如果一个人拥有较强的学习能力，就能够一点就通，举一反三，那么无论是学习生活，还是将来在工作应酬方面，都有着无与伦比的优势。也正是因为如此，想要在将来能够具有这样的优势，就必须提高自己的学习能力，这并不是花费的时间多就可以做到的，而是有一定的技巧和方法的。

因此，作为家长，一定要帮助孩子掌握学习的技巧，克服学习障碍，一旦击退这个"强敌"，孩子的学习就不再是问题，孩子的信心也会像早晨的太阳一样蒸蒸日上。

孩子的学习规划很重要

可能很多家长会发现，孩子在进入青春叛逆期以后会认识到学习的重要性，而且一旦进入青春叛逆期，孩子原本就有的好胜心会越来越明显，自己很想受到别人的关注、羡慕等，因此，学习起来也比较自觉。但是，有些孩子似乎总是力不从心，感觉时间不够用，学习效率很低，这是为什么呢？

其实，任何事情想要成功都必须有一个合理的计划，学习也是一样。很多学生学习很用功，却并没有自己的详细计划，这样东打一耙西打一耙是不能将学习学好的。合理的学习计划就是提高孩子成绩的行动路线，是帮助孩子成功的有力帮手。没有学习计划，学习便失去了主动性，学习没有规律，抓不住学习重点，就算有再多时间也感觉不够用，总是被其他同学远远甩在后面。

小霜自从升入初中以后，每天都会认真学习，妈妈怕她学不好，还会再额外

给小霜布置一些作业，小霜倒是没有像其他的青春叛逆期孩子一样反感家长的干涉，而是对妈妈的作业一直认真对待。但是，就算是这样认真学习，小霜的成绩还是不尽如人意，小学的时候成绩还算可以的她，现在竟然在班里的中游偏下了。有个好处就是小霜并不偏科，每门功课的成绩也都差不多，可这也难坏了小霜和爸爸妈妈，不知道该从哪一科入手。

于是小霜总是静不下心来，周末在家里的时候，每门功课小霜都想看，就一会儿看看这门，忽然想起另外一门还有一个疑点，就赶紧放下手里的书，去看另一科的课本去了。总是看着一本书，心里惦记着另外的书。往往思维还没有转换过来呢，小霜已经又换了。初中的课程都比较多，所以，小霜手里的书就一直在变，一天的时间所有的书看上一遍都不止，有的书已经看两遍了。但是就算这样，有时一天下来似乎没有认真看过一门功课，每一门课都是马马虎虎，走马观花。

不只是看的东西多，看的时间也很随意，小霜并不清楚自己什么时间该干什么，有时不想起床就赖在床上，等九点多才起床，起来收拾一下吃过早饭就快10点了，原本想着早点背书记忆力好一点，但是看到时间也不早了，小霜就改变了原先的想法，不背书而去做数学题了。小霜心里很想学好，可是真的不知道该怎么学才能学好，照理说自己并没有很爱玩，有时学到很晚，也算是用功的了，怎么就不见成绩提高呢？

很明显，例子中的小霜虽然想要好好学习，但是并没有计划好该怎样学习，也没有想好什么时间该学什么，总是很随性地学。可能在小学的时候这样学也能学好，因为小学的主科就语数外三门，但是初中课程就多了，如果不事先规划好，合理分配学习时间，不能主次分明，那么就会什么也学不好。

因此，家长要切实指导孩子制订合理的学习计划。制订一份合理的学习计划，就等于为孩子找到了促进学习进步的金钥匙。帮助孩子制订严格的学习计划，养成守时、有序、高效的好习惯，是孩子一生受用不尽的财富。从人生成功的角度讲，统筹规划的意识和能力是一个要做大事的人取得成功所必须具备的一

做好学习规划

那就定八点到八点半背诵英语，可以吧？

嗯，可以。

1.合理安排时间

可以和孩子制订出一张作息时间表，标明休息、吃饭、上课、娱乐和学习的时间，帮助孩子合理安排。

半个小时就背50个单词太难了，我觉得改为10个或者15个，如何？

2.明确学习任务

很多孩子在制订计划时会有些不切实际，家长帮助孩子制定符合实际的任务，并将任务具体化。

这是我们的课程表。

那我们就根据这个来订计划吧。

3.学习计划与教学同步

只有这样，孩子才能把预习和复习纳进学习计划中。因此，要以学校每日课程表为基准制订学习计划。

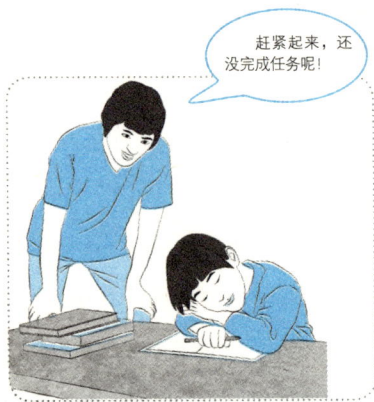

赶紧起来，还没完成任务呢！

4.监督孩子执行

任何计划只有有力执行才能起作用，因此，在帮助孩子制订完计划后，还要监督和协助孩子执行计划。

科学地安排、使用时间可以达到让孩子学习的目的，但要将充足的睡眠、合理的进餐与有序的学习相结合，否则，即使再完美的计划，也只是纸上谈兵。

项重要素质，而这种素质只能在从小就习惯制定具体的学习计划并严格执行的实践中才能培养形成。

当然，孩子的学习计划应该由孩子来制定，家长要做的就是从旁协助孩子：帮助孩子把学习计划合理完善，监督孩子的执行，结合实际提出修改意见等，而不是越俎代庖，按照自己的希望亲自制定。

学习效率比学习时间更重要

青春叛逆期是孩子在学习方面花费时间最多，也是最重要的时期，很多青春叛逆期孩子的家长最关注的就是孩子的学习问题，为了让孩子学得更好一点，什么都不让孩子干，争取一切时间让孩子多学习。但是，还是有很多孩子明明花费了很多时间，却并没有让成绩提升，反而不如一些花费时间少的孩子学得好。其实，这是有关学习效率的问题，有的孩子学习效率高，只要花费很少的时间就能学好；有的孩子学习效率低，要花费的时间也就增多了。

学习效率，是决定学习效果的关键。只有学习效率高，才能在有限的时间内学到更多的东西，才能有更多的时间从容解决问题。所谓学习效率，指的是学习所消耗的时间、精力与所获得的学习数量和质量之比。实际上，学习效率所探讨的就是如何以最少的时间、精力投入并获得最多、最好的知识以产生较强的能力使学习效果最优化的问题。

语嫣马上就要进入初三下学期了，因此学习进入十分紧张的阶段。想要顺利升入理想的高中，就必须在这段时间努力学习。虽然语嫣的成绩还算可以，但是还是有不少提升的空间，尤其是她的英语，语嫣的英语成绩比其他功课要差一截，如果把英语成绩提上来，语嫣的总体成绩就能提升不少。因此，为了学好英语，语嫣把大量的课余时间都用在了这上面。

可是一个月过去了，在月考中语嫣的英语并没有任何提升，这难免让语嫣有些沮丧。语嫣为了学好英语，特意到办公室找老师，看看有什么好的方法。英语老师问她："你都采用什么方法学英语的呢？"语嫣如实回答："我每天都在背单词，我感觉我的词汇量太少了，我都是看着单词表，一遍一遍地写，不是说写的话能增强记忆力吗？"

老师却说，只是背单词效率太低，让语嫣试着多读一些英语文章，在文章中记单词，这样既能学会单词，还能提高阅读速度，这样在考试的时候就能有充足的时间完成题目。语嫣按照老师的方法去学习，果然这样比单纯记单词效果要好一点。这样过了两个月之后，在期末考试中，语嫣的英语一下就提升了近二十分！看来还是老师的方法效率高啊。

看来，学习效率对于学生的成绩还是十分重要的，那么为什么同样是学习，有的孩子会出现学习效率低的情况呢？其原因是很多方面的：

首先是学习动力。教育研究表明，孩子的学习动力与学习效率呈正比。对于青春叛逆期的孩子来说，学习动力很大一部分来自于学习兴趣，他们对所学的内容感兴趣，学习就会积极主动；如果孩子不喜欢学习某些东西，即使被家长"逼着"去学习，他们也不会认真对待，往往想方设法逃避，实在逃避不了的，就敷衍了事。这样的话，肯定就无法保证学习效率了。

第二种原因是学习习惯。没有良好的学习习惯，就很难把学习学好。比如，有的孩子上课一边听课一边玩，这样就不能保证心思都在听课上，也就无法保证学习效率了。

还有一种原因是学习方法。如果孩子的学习方法不当，总是死记硬背，抓不住学习重点的话，就不能形成知识结构，最后肯定学不好，一点效率也没有。例子中的语嫣开始学习效率低就是因为学习方法不当造成的。

总之，如果孩子学习效率低的话，家长要及时找出相应的原因，然后进行有针对性的指导。

❤️▶▶ 如何提高学习效率 ❤️◀◀

每天这个点孩子学得最快了。

等等，妈妈陪你一块去儿写生，然后我们一块儿去逛街怎么样？

1.了解孩子学习心理规律

2.劳逸结合

每个人学习的最佳时间都是不一样的，因此，家长要观察孩子，了解孩子的学习心理规律，把握孩子学习生物钟，提高学习效率。

首先要保证充足的睡眠，还要给孩子参加其他活动的时间，让孩子有学习有休息，劳逸结合，学习效率才会更高。

你看这里，是不是和刚才的题目很像？这样类似的题目就要整理到一块儿。

3.优化学习策略

指导孩子将知识点归纳总结，找出异同点，从而掌握举一反三的学习方法。只有找对了学习方法，才能事半功倍。

当然，提高学习效率的途径还有很多，只要家长做个有心人，发现好的经验，及时指导孩子适当运用，孩子的学习效率一定会很快提高。

不要让孩子受"读书无用论"影响

青春叛逆期这个阶段是儿童向成人转变的过渡时期。在这个阶段，有关自己和社会的各种信息纷至沓来，需要孩子经过不断思考，最后确定自己的生活目标。青春叛逆期的孩子认识到，他们不仅是老师的学生，家长的孩子，还必须给自己定位。而青春叛逆期的孩子也很明白，青春叛逆期是每个人长大成为成年人的关键一步，一步没有走好，这辈子可能都会有阴影。因此，他们努力学习，不想让家长失望，也不想给自己留下遗憾。但是，他们还会思索，学习是为了什么？学习好就一定能生活幸福吗？

这些问题找不到答案的时候，孩子就会出现迷茫，不知道自己想要干什么，一位正处于迷茫的青少年这样说："小学的任务就是考上好的初中，初中的任务就是考上好的高中，上好的高中是为了上好的大学。终于考上大学了，却不知道自己的前方还有什么，自己该何去何从呢？难道还是要继续考学吗？可是终究是要不再上学的，那个时候我又要干什么呢？"很多这个阶段的孩子都会表示说自己"没有什么梦想"，甚至说不知道"何谓梦想"。同时，他们觉得学习没用，尤其是孩子了解到社会上很多很有知识的人过得十分清贫，甚至有很多大学生根本找不到工作，反而是一些没有上过多少学就进入社会的人挣得钱多，生活富裕。一方面，是社会的现实在刺激着他们，让他们开始质疑自己一直以来坚持的东西是否错了；另一方面，从小凡事由家长做主，渐渐地，他们丧失了追逐梦想的激情。

志国已经读初三了，临近中考了，可是他的学习却越来越不像样，爸爸妈妈看着着急，有时在志国放学后就会忍不住想要叮嘱他几句，可是志国每次听到家长说到学习就会生气，不是钻进自己的房间不出来就是对爸妈说："整天就知道学习、学习，我的事你们能不能不要管！"

原本志国的成绩也是不错的，一般都在班里的前几名，但是这几次的月考，

成绩一直在下滑。本来还指望这孩子能够上重点高中，将来考上一所名校的，可是看孩子的表现，志国的爸爸十分生气，就想着给志国报一个辅导班，希望能让志国的成绩有所提升。一听到爸爸要给自己报辅导班，志国大声对爸爸喊道："在学校里学还不够吗？还让我喘气吗？整天学习有什么用？能当饭吃，还是能当钱花？百无一用是书生，你不知道吗？"没想到孩子竟然有这样的想法，爸爸十分生气，就说："你连初中都没有毕业，怎么知道读书没有用处？不读书，你又能干什么？"

志国听到爸爸的话也有点垂头丧气，但是还是说自己不想读书，还说很多名人不学习、不上学也一样可以成功。自己也想着不再继续上学，到社会上闯荡一番，说不定就有所作为呢。

从古至今，在社会上，读书无用的理论就没有消失过。台球神童丁俊晖不读书，照样拿世界冠军；青年作家韩寒，高中严重偏科，后来干脆辍学当起了作家，其作家的成就令人瞩目；盖茨大学没有读完就创立公司，结果成为世界大富豪……这样一些鲜活的例子冲击着孩子们的心理，逐渐使孩子们开始怀疑自己是否需要读书。作为家长，不能让孩子只盯着所谓的捷径而无视知识对一个人健全成长的重要性。

"许多大老板没有什么文化，却可以带领一批很有文化的员工"，这样的话很多青少年脱口而出。对于孩子这样的观点，很多家长感到十分担忧，甚至，不知道该如何向孩子解释这一现象，因为这是社会中确实存在的现象，我们不能视而不见。可是，如果孩子一直被这样的思想迷惑，那么孩子就会一直感到十分迷茫，对学习的兴趣也会骤减。因此，针对孩子的这种思想，家长要及时帮助孩子改正，和孩子一起找到自己的理想，并为之不断奋斗。

很显然，大多数孩子对自己的未来感到很迷茫，都是因为他们失去了自己的梦想。心理专家介绍说，许多青少年不了解"我是谁""我的梦想是什么"，他们的人生已经被家长早早设定好了，所以他们也就失去了自己的梦想。

　　家长应该做孩子梦想的引导者，让孩子发现自己的梦想，而不是做孩子人生的规划者，帮孩子制订好一生的计划，让孩子失去自己的梦想，成为家长梦想的执行者。

孩子认为读书没用的原因及对策

真是烦死了，每天这么累，真不想干了！

就是呢，我每天也很累，一点也不想上学。

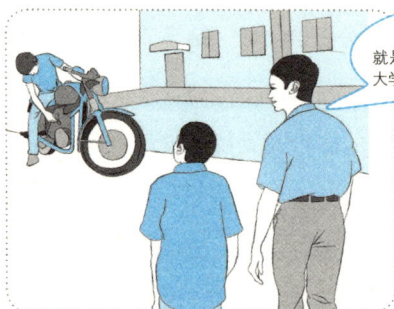

原因一：孩子觉得学习太苦

对策一：可以告诉孩子刚开始学的时候虽然苦，但是学得越多就会越轻松；另外，家长不要一直抱怨工作苦，避免给孩子留下不好的影响。

你看看你李叔，当年就是不肯上学，要是读了大学也不会像现在这样了。

原因二：受他人的影响

对策二：家长可以告诉孩子这种看法是片面的，可以结合身边的例子教育孩子：如果某某当年多读几年书的话，可能现在的情况会更好。

那你将来想做什么样的工作呢？

原因三：没有梦想，对未来感到迷茫

对策三：家长需要重新审视自己在孩子人生路上的角色，耐心问孩子"你想成为什么样的人""你的梦想是什么"，帮助孩子找回失去的梦想。

第四章 与青春叛逆期孩子的亲子关系

家里多了个叛逆少年

随着孩子成长，越来越多的家长感到前所未有的忧虑和烦恼，对孩子有了越来越多的不解和无奈。曾经的乖孩子转眼间变成了家里冷漠而熟悉的陌生人，曾经和家长无话不说的乖乖女变成了不听家长话的火暴女……很多家长对此感到很困惑，不知道孩子为什么会变成这样。家长想要了解孩子变化的原因，就必须先了解青春叛逆期孩子的心理特点。

处于青春叛逆期的孩子，对成人仍将自己看作小孩子这种行为是非常反感的，他们希望家长以及周围的人把自己看成是一个大人，能够把自己当作平等的朋友，能够理解、尊重自己。并且许多事情他们不愿意和家长商量，而是希望能够拥有足够的时间和空间自由挥洒。

然而，对于那些总是习惯于参与孩子一切的家长来说，孩子的这一心理和行为的变化让他们感到措手不及，总觉得孩子变了，于是就会强行参与到孩子的生活中，干涉孩子的决定，这样的话，孩子就会反抗，亲子关系就会变得十分紧张。

小俊所在的初中是一所名校，就因为小俊从小就非常认真学习，所以才能考上这样的一所学校，现在小俊已经读初二了，成绩也一直不错，只是这段时间却有所下滑，爸爸妈妈以为是孩子的学习负担太重了，偶尔下降一点也是可以理解的，而且小俊从小学习就非常主动，因此，并没有重视。

可是前几天班主任打电话来，说小俊最近一段时间学习情绪不高，上课听讲也不认真，好几次老师发现他在看小说或者玩手机游戏。这是怎么回事呢？小俊一直都非常听话，学习上的事家长根本就不用操心。于是，爸爸妈妈商量让妈妈和小俊好好谈谈，因为小俊和妈妈比较亲近一点。

然而，谈话的结果让家长十分吃惊，小俊根本就没有好好和妈妈说一句话，一直对妈妈爱答不理的，最后还说妈妈烦，让妈妈闭嘴！妈妈十分生气，可是小俊已经起身到自己房间了，妈妈跟着进去，小俊看到后生气地说："这是我的房间，你怎么不敲门就进来！"妈妈也说："这是爸爸妈妈买的房子，怎么成了你的房间了！"小俊没有想到妈妈会这样说，拿着书包就往外走，还说："好，你们的房子，我不住了，可以了吧？"说着就出门了。

这个孩子怎么回事？这还是原先那个听话乖巧的小俊吗？妈妈实在不明白，怎么一转眼之间孩子就变成这样了，但是，还是担心小俊，就让爸爸去追小俊了。

很多家长都和小俊的妈妈一样，对孩子突然不听话感到莫名其妙。他们总是在问孩子，把自己的想法说给孩子，责问孩子，但是孩子究竟在想些什么，最近的心理状况是什么样子，家长往往并没有关注到。

孩子进入青春叛逆期以后，他们的身体发育加快，开始思考人生、思考自我，开始被身心成长过程中的许多问题所困惑。此时，他们想办法去解脱这些困惑，这是人的生存本能。因此，他们常常出现一些反常的举动。有心理学家曾经做过调查，结果发现，10岁之前的孩子很愿意和家长沟通，他们会把自己的想法说出来。但是进入青春叛逆期，尽管家长依然爱着孩子，可是孩子的内心却有了新的问题和想法，他们不愿意和家长交流，而是更愿意和同龄人沟通和交流。这是因为家长总是用"家长"的身份和他们交流，孩子得不到平等和认可，他们感觉不被尊重。

在了解了青春叛逆期孩子的心理之后，家长应该可以理解孩子的一些叛逆现象了。当然，在理解的同时，家长也应调整好自己的心态，暂时忘记孩子青春叛逆期到来时所带来的烦恼，积极地去做孩子最好的心理医生。

●●●❤ 如何与青春叛逆期的孩子相处 ❤●●●

面对青春叛逆期孩子，家长如何做，才能真正成为孩子的好朋友，从而友好相处呢？家长可以参照以下几点建议。

那你觉得现在学习是为了什么？

我也不知道，你觉得呢？

1.选择合适的机会进行沟通

和孩子交流，不能急在一时，要选择适当的机会，比如在散步或者购物的时候，在这种轻松的气氛中，才有利于和孩子进行交流。

还给我写信呢？是爸爸还是妈妈？

2.利用多种方式

交流不一定是面对面，写信、发条短信等这样的方式，既不用看对方脸色，又可以减少很多冲突和矛盾，还有利于深层次的沟通。

在看什么呢？

学习时尚啊，这样才能和女儿交流啊。

3.跟上孩子成长的脚步

孩子思想前卫，很多语言和行为家长理解不了，很难有共鸣。因此，家长应及时充电，多了解孩子的世界，这样沟通更加畅通。

和孩子相处的方式还有很多，但是最重要的就是尊重孩子，带着真诚和兴趣与孩子交流，不要只是居高临下命令孩子，只有平等的交流，才会让家长和孩子更加亲近。

说一句顶十句

在生活中，很多青春叛逆期孩子的言行十分叛逆，他们要不就不跟家长沟通，要是偶尔说说话，也是一直顶撞家长，往往家长才说一句，他们已经有十句在等着了，孩子们总是认为自己是对的，家长为了更正孩子的观点就会极力发表自己的观点，如果双方都坚持自己的立场，就很容易形成对立的亲子关系。

青春叛逆期的孩子情绪起伏比较大，情感变化也很大，并且他们自己可能也很难驾驭。这个时期的孩子们多了很多的心事，却又不知道怎么和自己的家长说，或者不愿意和家长说。而家长出于关心的目的，总是会对孩子的反常表现刨根问底，或者有的家长忙于工作而对孩子的变化漠不关心。不管是过于关心还是漠不关心，都会增强孩子的反抗情绪。因此，家长应该放下架子，与孩子平等沟通，做孩子的知心朋友，争取成为孩子倾吐心事的对象和安慰者。

小米马上要升入初三了，原本小米很喜欢和妈妈聊天，学校里有什么新鲜事或者是同学之间有什么事的话，小米都会回家和妈妈说个不停，以前妈妈还经常听得不耐烦，让小米不要再说了。现在可好，不知道为什么这几个月的时间，小米真的什么都不说了，不仅不和妈妈聊天了，连正常对话也变得"不正常"了。

现在小米每天放学后就躲在自己的房间，不是上网和朋友聊天就是玩游戏，有时回家连个招呼都不跟家长打。有时妈妈进去问问小米晚上想吃什么，小米也是十分不耐烦地说："随便什么都行。"看着孩子一直在玩，马上就要读初三了，妈妈就有些着急，有时会对小米说不要再玩游戏了，多看看书，小米就会生气："我自己的事不用你们管。"看到妈妈经常打扰自己玩，小米干脆在自己的房间门口挂上一个牌子，写着"请勿打扰"！

看到女儿的行为越来越离谱，也不愿意和家长沟通，于是爸爸妈妈决定好好和小米谈一下，就在某天放学后对小米说开个家庭会议，小米书包一放，就说："我不参加。"爸爸说家里的人必须都参加，并且要讨论的事情就是小米的问题。小米问："我有什么问题？我什么问题都没有，你们自己讨论吧。"妈妈看到小米的态度，生气地说："你这是对爸爸妈妈该有的态度吗？是不是有些不可理喻呢？"

小米瞪着眼说："我就是不可理喻！所以你们不要理我了！"说着就进到自己的房间，还把房门使劲摔上。

爸爸妈妈看到这样的小米，感到十分震惊，原先听话的乖巧的女儿怎么变成这样了？总是和爸爸妈妈顶嘴，爸爸妈妈说一句也不行！现在的孩子实在是太叛逆了。

那么，青春叛逆期的孩子为什么如此叛逆呢？主要有以下三方面的原因：

第一，青春叛逆期的孩子由于身体发育而产生了一些属于青春叛逆期的独特心理。身体上的变化、第二性征的出现给孩子们的心理造成了一些冲击，他们往往会对此感到十分不安、不知所措，因此，他们就会产生浮躁心理与对抗情绪。

第二，除了身体上的发育趋于成熟之外，青少年还渴望独立，希望周围的人把自己当作成年人来对待，因此，在面对一些问题的时候他们常常呈现出一种幼

如何应对孩子的"有理"心理

青春叛逆期的孩子总是认为自己是对的，自己做的、说的都是有道理的，面对孩子这种"有理"心理，家长应该如何应对呢？

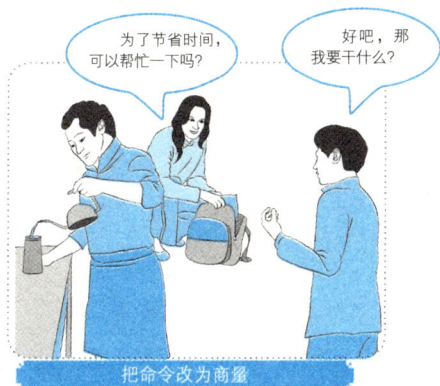

把命令改为商量

以商量的方式去解决问题，即使商量失败，但感情氛围不会破坏，有利于以后问题的再次沟通。

不妨让孩子吃点"苦头"

青春叛逆期是孩子形成主见的关键时期，小错肯定难免。所以，家长应该允许孩子犯点错误、吃点亏，不要过分束缚孩子的手脚。

总之，对于青春叛逆期的孩子，支持要比压制好，商量要比命令好。所以，只要孩子的想法合理，家长就应该给予全力支持！

稚的独立性。

第三，青春叛逆期的孩子，自我意识增强，社会上各种新奇的事物让青少年们产生兴趣，他们要通过表现个性、追求时尚等方式来满足自己的好奇心，因此，常常要让自己显得十分有个性才行。

当然，社会和家庭教育的一些不足，青少年面临的各种压力，以及生活中的无聊情绪等，也是叛逆心理产生的"沃土"。在孩子出现这样的叛逆心理的时候，会有很多不同的表现，会一直和家长对着干，也就会在家长对自己说教的时候表示出自己的不满。

在这个时候，家长也不要一直抱怨孩子不听话，而是反思一下自己，是不是正在挑起孩子的反抗情绪，或者孩子真的是对自己有什么意见。家长多与孩子沟通，找出原因，并有针对性地找出解决办法。

孩子的心怎么这么远

很多家长说，自己的孩子原本是个阳光、开朗的孩子，但是不知道为什么，越长大反而越害羞，不愿意和别人交流了，不仅仅是对别人，就是对自己的家长也变得十分冷淡。其实，这是青春叛逆期孩子的一种阶段性心理，在心理学上这一现象被称为"心理闭锁"现象，即孩子把自己封锁起来。在这样的阶段，孩子不轻易向外人敞开心扉，变得孤僻，无论是对外人，还是对自己的家长，都显得十分冷淡，这可以说是孩子从不成熟走向成熟的正常心理反应，是发育过程中的阶段性的心理现象。

"心理闭锁"现象的发生虽然是正常的、阶段性的，但是如果不加以引导，任其发展，就会对孩子以后的健康发展产生不良影响。当孩子出现"心理闭锁"后，孩子就不会轻易向别人吐露真情，家长想要了解孩子的心思就变得十分困难，因此，很多家长就会觉得孩子的心离自己很远，总是抓不到。

　　圆圆今年15岁，以前的她每天都笑嘻嘻的，只要见到认识的人都会打招呼，和爸爸妈妈也十分融洽，尤其是和妈妈，就跟好朋友一样，圆圆有什么心事总是和妈妈说，也喜欢跟着妈妈出去逛街或者到别人家去做客。只要是见到圆圆的人都会夸她爱笑、爱说话。

　　但是，就是这样的一个爱笑的孩子，现在却变得对谁都十分冷淡，见到人也不打招呼了，有时还低着头快步走过去，回到家也不和妈妈说话了，不写作业也是自己在房间玩，或者干脆躺在床上，也不知道在想什么，妈妈觉得圆圆根本就没有睡着，只是躺在那里而已。等妈妈喊她吃饭才肯出来吃饭，在饭桌上也不说话，爸爸妈妈问一句她才说一句，有时还不回答。

　　都说青春叛逆期的孩子叛逆，但是圆圆并没有其他的变化，也不顶嘴，也不打扮，就是不爱说话，妈妈曾经试着和圆圆"套近乎"，想和圆圆一起出门逛街，但是圆圆从来都不去，也不说什么原因，就只说自己不想去，妈妈再问她就不说话了。妈妈还特意让自己的朋友带着孩子到自己家里做客，朋友家的孩子和圆圆差不多大，希望同龄人可以有话说，但是妈妈喊圆圆出来，圆圆只是到客厅坐一坐就又回去了，连声招呼都没打！妈妈对此感到十分不解和无奈，实在不知道圆圆整天在想什么，也不知道该如何与她好好交流。

　　很明显，例子中的圆圆正是处于"心理闭锁"时期，因此，才会从一个爱说爱笑的孩子变成不爱与人交流，和爸爸妈妈也不说话。处于这一时期的孩子不但不能很好地与家长沟通，即使是在同龄人之间也很难找到"心心相印"或者说可以产生心理共鸣的朋友。就像妈妈朋友的孩子和圆圆年龄差不多，圆圆还是无法和他成为朋友。

　　心理研究表明，心理闭锁对青春叛逆期的孩子的身心发展的影响是显而易见的。在学习上，心理闭锁会妨碍孩子信息的交流、学习潜能的发挥，降低学习效率，从而严重影响孩子的学习效果与成绩；在心理品质的发展上，心理闭锁将会逐渐削弱孩子的意志力、心理承受能力和整体认知能力，从而危害孩子的身心健康，影响孩子良好心理品质的形成；在人格发展上，心理闭锁让孩子的交际圈大大缩小，使孩子的内心变得自私、冷漠，甚至有的孩子还会缺乏同情心和责任感，对孩子健全人格的形成有着极大的危害。

▸▸▸ 帮助孩子克服心理闭锁 ◂◂◂

心理闭锁现象对孩子的成长十分不利，影响孩子健康发展，可是，家长该如何帮助孩子克服这一心理现象呢？

> 我觉得你的小提琴非常好，比你们班花的钢琴更吸引人。

1.正确认识自己

有的孩子因为觉得自己很差就自卑，时间一长就形成心理闭锁，因此，家长应该引导孩子正确认识自己，客观对待自己。

> 妈妈还有事，你把这个给韩阿姨家送去好吗？

2.主动自我放开

鼓励孩子放开自我，主动与他人交流，学会表达自己，积极寻找机会让孩子与人接触，解开孩子的心理闭锁。

> 小弟弟生病十分可怜，他最爱听故事了，等会儿进去给他讲故事好吗？

> 嗯，好吧。

3.关心他人

心理闭锁的孩子容易变得冷漠，家长可以适当地引导孩子关心他人，从而培养孩子的同情心和责任感。

面对心理闭锁的孩子，家长不要着急，而是用温暖的心一点一点打开孩子的心扉，进入孩子的世界，和孩子做朋友，然后再引导孩子一步一步走出他的封闭圈，成为一个阳光的孩子。

由此可见，心理闭锁对孩子学习、品质和人格的发展都是不利的，家长必须要重视孩子的这种心理，一旦发现要及时调整，让孩子重新打开心扉，学会与人沟通交流。

家长的"嘱咐"变成了"唠叨"

家长本应该是孩子最愿意倾诉衷肠的对象，可是很多家长觉得孩子进入青春叛逆期以后，就不愿意和家长交流了，而原先对孩子的嘱咐，也开始让孩子觉得不耐烦。虽然处于青春叛逆期的孩子渴望倾诉，也渴望被理解，但是他们更像是一个个锋芒毕露的麦芒，这就为孩子和家长之间的沟通造成了很大的障碍。

作为家长，我们应该知道，青春叛逆期对于一个孩子来说，就如同暴风雨的夜晚，他们既是多愁善感的，又是喜怒无常的，孩子在这个时期的感情细腻而多变，因此，需要家长更加无微不至的呵护，一不小心，孩子就可能会出现成绩下滑、早恋或者结交一些不良朋友等状况。因此，家长都会对青春叛逆期孩子的一举一动相当敏感，总是担心孩子这个做不好，那个没弄好的。结果就会是家长不断在孩子耳边嘱咐这个，嘱咐那个，而孩子在青春叛逆期都会有自己的主见，因此，就会觉得家长十分爱唠叨。其实，家长应该相信孩子，给孩子独立的空间。有时候孩子的一些作为，家长不认同，但也并不能说是孩子做的有多错，只要不是什么原则性的错误，不妨让孩子自己去"闯荡"一番。

另外，家长忽视的一点是，这一阶段孩子的独立性增强，总希望得到他人的承认和尊重，希望摆脱家长的约束，渴望独立。他们不愿意再像"小孩子"一样服从家长和老师，他们希望获得像"大人"一样的权利。因此，青春叛逆期的孩子，最讨厌的就是家长的唠叨，他们觉得家长这样很啰唆。

小磊是个高二的学生，是家里的独生子，家长对小磊也是关怀备至，什么事情都想替小磊做好，除了工作，家长几乎把所有的时间都用在了小磊身上。以前小磊也觉得十分幸福，经常跟着爸爸妈妈到处玩，妈妈还和自己一起写作业、一起学习，小磊以前还经常和同学们炫耀呢，别人也都羡慕小磊有这样的好爸爸妈妈。可是自从升到高中以后，情况就有些变化了，小磊不愿意再和爸爸妈妈一起出门了，对于妈妈的话也不那么爱听了。

在上次考试的时候小磊的成绩下降了不少，妈妈就开始有些担心，但是最近孩子都不肯和自己聊天了，妈妈就在吃饭的时候主动问起小磊的学习情况。小磊却不高兴了，说："整天就知道学习，我就得每次都考好才行啊？"妈妈没想到孩子这样回答，赶紧说："当然不是要你每次都考好，但是我们要分析一下考不好的原因啊。"小磊刚夹起来的菜又放下，说："要分析你自己分析，我没什么好分析的。"爸爸在一边看不下去了，就对小磊说："妈妈是关心你，怎么对妈妈说话呢？"小磊把筷子放下，说："我怎么说话了，还让不让人吃饭了？你们怎么这么啰唆啊。"

小磊说完就回自己房间了，留下爸爸妈妈在饭桌前尴尬，妈妈说："这孩子是怎么了啊，以前学习的事都会和我说，现在怎么还说我啰唆了？"爸爸看着小磊的房间叹了口气。

其实，很多家长和小磊的家长一样，看到孩子成绩下降就会赶紧找孩子来问清楚，在2007年《钱江晚报》曾经发表过一个有关调查，结论是："在与孩子沟通的问题上，家长指导孩子学习的占70%，这就是问题的症结所在。"很多孩子在进入青春叛逆期以后，本身的学业压力就非常大，而家长只关心孩子的学习，并没有过多地关心孩子的成长，只抓孩子的学习。

家长想要和孩子沟通，就需要多关注孩子除了学习以外的其他方面，真正进入孩子的世界中，与孩子像朋友一样沟通了解，不要居高临下，而是具有亲和力地一点一点感染孩子，孩子才能打开心扉，接受与家长交流，才不会觉得家长只是在唠叨。

如何和孩子进行有效沟通

你烦不烦啊，我走了。

……

1.说话简洁，学会察言观色

和孩子交谈的时候，如果发现孩子不感兴趣，就要立即停止或转移话题；就算孩子还在听，也要说话简洁、目的明确，切忌啰唆。

2.用"小纸条"代替说话

沟通不一定是用嘴说，用小纸条也是个不错的方法，既表达了关心，又避免了面对面可能会产生的矛盾。

让孩子打开心扉，与孩子交流，总的原则就是：一定要让孩子觉得家长是真正在关心他，并且是从心底里关心的那种。这样，孩子才会接受家长。

孩子对家长说的话总是嗤之以鼻

很多家长都感叹，为什么孩子到了初中之后和自己的话越来越少、人也越来越叛逆，甚至家长说什么，他们总是不屑一顾、嗤之以鼻？是孩子的价值观发生了改变，还是家长真的落伍了呢？其实并不是，青春叛逆期的孩子是一个渴望脱离家长庇佑的群体，他们并不能完全独立生存，不能独立面对生存的压力、学习上的困扰等，此时，他们只能"空喊口号"，在"行为语言上"反抗家长，于是，和家长唱反调就成了他们宣告独立的重要方式。

很多孩子在进入青春叛逆期以后，就不会再像从前那样听话了，不再认为家长说的就是对的。他们总是会对家长的眼光进行挑剔，经常说："俗！""太土！"等。这些语言和行为都代表孩子进入青春叛逆期了，开始有了自己的思想。心理学家发现：孩子在10岁之前是对家长的崇拜期，20岁之前是对家长的轻视期，30岁之前是对家长的理解期，40岁之前是对家长的深爱期，直到50岁才真正了解自己的家长。10岁到20岁之间是代际冲突最为激烈的时期。这个时期的孩子是最让家长操心、担心和伤脑筋的。的确，大多数这个年龄阶段的孩子，都开始质疑家长，并认为家长的思想跟不上时代，这也是孩子对家长的说法嗤之以鼻的原因之一。

兰兰是家里的乖乖女，对爸爸妈妈的话一直都是言听计从，但是自从升入初二之后，兰兰就变了，经常反驳家长，变得十分不听话了。而且还总是"笑话"家长的一些观点和看法。

前几天妈妈说带着兰兰去商场，现在商场很多东西都打折呢，兰兰却说："我这么大了还跟着妈妈会被人笑话的，你自己去吧。"后来妈妈软磨硬泡才让兰兰出门，结果在商场里，两个人的意见从来没有一致的时候。妈妈看意见粉红色的裙子很漂亮，让兰兰试一下，兰兰却赶紧摆手说："这是什么啊，装嫩呢。我才不穿。"只要是妈妈拿给她的，兰兰都有各种理由拒绝，不是说太土，就是说太俗了。结果母女二人无功而返，还让妈妈生了一肚子气。

兰兰放暑假了，期末考试的成绩也出来了。班里考第一的还是叫晓霞的女孩。妈妈就忍不住说："晓霞这个孩子就是聪明，还懂礼貌，每次见到就喊阿姨，将来一定有出息。"

兰兰一听，就十分不屑地说："你懂什么呀，她就会装，装可怜、装听话，拍马屁，哪有同学喜欢她啊，就你们被蒙在鼓里不知道罢了。"

没想到兰兰会这样说，妈妈赶紧说："那人家也是第一名，而且每次都是第一，这还是装的？"

兰兰却说："第一有什么用？清华北大的还找不到工作呢，谁还稀罕一个第一

和孩子成为朋友

我儿子很喜欢他，我这是讨好他呢。

你买这个干什么？

1.进入孩子的世界

如果孩子喜欢篮球，就去学习篮球知识；孩子喜欢唱歌，就去学习音乐知识。这样才能真正进入孩子的世界，并有共同语言，和孩子成为朋友。

确实很时尚，也很显身材。

妈妈果然有眼光！

2.与孩子一起探讨时尚

很多前卫的时尚，家长不了解就认为孩子不务正业，其实，可以和孩子一起探讨，试着接受孩子，然后成为朋友，此时稍微引导孩子，他们才能听进去。

嘿嘿，这个是因为最近我们要演出一个话剧，我特意去做的头发。

关于这个头发，你是不是需要对爸爸说说。

3.给孩子辩解的机会

很多家长看不得孩子与自己意见不统一，不分青红皂白就教训孩子，孩子自然反感。家长应该多听听孩子的话，了解原因，共同商量。

另外，青春叛逆期的孩子都比较敏感，家长的一言一行都对孩子有着很大的影响。所以，家长要给青春叛逆期的孩子更多的关爱，让孩子体会到爱，从而远离孤独和自闭。

啊。"说着就回自己房间了，临走还对妈妈说："你们就是思想落后，唉。"

为什么妈妈挑的裙子兰兰看不上呢？妈妈夸奖晓霞，兰兰为什么要嗤之以鼻呢？其实，这就是青春叛逆期逆反心理的表现。我们多次讲到：青春叛逆期的孩子独立意识开始慢慢增强，并有了自己的想法，此时，他们希望家长和其他人能够把自己当作大人一样看待，但是家长眼中他们还只是个小孩子。为了让家长改变这一想法，他们就以唱反调的方式来显示自己。

很显然，孩子的这一心理和态度会给亲子关系带来障碍，让很多家长感到无所适从。但是家长也不要只是认为孩子不懂事，从而更加约束孩子，这样只会适得其反，引起孩子更强烈的反抗情绪。对待孩子的这种态度，家长应该突破传统的固定的教育模式，注意与孩子的沟通，多尊重孩子，平等地对待孩子，和孩子成为朋友，一起进步，孩子就不会再事事针对家长了。